绝不逃避，勇敢担责

做问题的终结者

卡耐基写给年轻人

KANAIJI XIEGEI NIANQINGREN

（美）卡耐基 —————— 著

张卉妍 —————— 编译

江西美术出版社
全国百佳出版单位

图书在版编目（ＣＩＰ）数据

卡耐基写给年轻人 / （美）卡耐基著；张卉妍编译.
-- 南昌：江西美术出版社，2017.7（2020.11 重印）
ISBN 978-7-5480-5425-2

Ⅰ.①卡… Ⅱ.①卡… ②张… Ⅲ.①成功心理—青
年读物Ⅳ.① B848.4-49

中国版本图书馆 CIP 数据核字 (2017) 第 112577 号

卡耐基写给年轻人 （美）卡耐基 著　　张卉妍 编译

出 版：江西美术出版社

社 址：南昌市子安路 66 号 邮编：330025

电 话：0791-86566329

发 行：010-88893001

印 刷：三河市吉祥印务有限公司

版 次：2017 年 10 月第 1 版

印 次：2020 年 11 月第 5 次印刷

开 本：880mm×1230mm 1/32

印 张：8

书 号：ISBN 978-7-5480-5425-2

定 价：35.00 元

前 言

戴尔·卡耐基是20世纪美国最伟大的成功学大师、人际关系学鼻祖、现代成人教育之父，他为人类做出了杰出的贡献。

1888年11月24日，卡耐基出生在美国密苏里州的一个贫苦农民家庭。1904年，他高中毕业后就读于密苏里州华伦斯堡州立师范学院。他虽然得到全额奖学金，但由于家境贫困，他还必须参加各种工作以赚取必要的学习费用。这使他养成了一种自卑的心理，因而他想寻求出人头地的捷径。在学校里，具有特殊影响和名望的人，一类是棒球球员，一类是那些辩论和演讲获胜的人。他知道自己没有运动员的才华，就决心在演讲比赛上获胜。他花了好几个月的时间练习演讲，但都以一次又一次的失败告终。失败带给他的失望和灰心，甚至使他想到自杀。然而在第二年里，成功之门终于向他敞开。

1908年大学毕业后，卡耐基来到科罗拉多州的丹佛市，受雇做了一名推销员，后来他又到南奥马哈为阿摩尔公司贩卖火腿、肥皂和猪油。他的这项推销工作虽然做得很成功，但在1911年他却到纽约的美国戏剧艺术学院学习表演。一年以后，他感到自己并不具备演戏的天分，于是又回到推销行业，为一家汽车公司当推销员。但做推销员并不是卡耐基的理想，于是他决定白天写书、晚间去夜校授课，以赚取必需的生活费。他还希望为夜校教授演讲课，因为他认为，大学时代他在公开演说方面受过训练，具有较丰富的经验。也正是这些训练和经验，扫除了他的怯懦和自卑，让他有勇气和信心跟人打交道，增长了做人处世的能力。于是他说服了纽约一个基督教青年会的会长，同意他晚间为商业界人士开设一个公开演讲班。就这样，从1912年起，他开始了为之奋斗一生的成人教育事业。

卡耐基运用心理学和社会学知识，对人类共同的心理特点和人性进行了深刻的探索和分析，开创并发展出一套融演讲术、推销术、为人处世术、智力开发术为一体的独特的成人教育方式，并卓有成效。无论是西方国家还是东方世界，他著作的译本几乎涵盖了所有语系的文字。而他开创的"人际关系训练班"，包括美国卡耐基成人教育机构、国际卡耐基成人教育机构，以及遍布世界50多个国家的分支机构，更是多达2000余所。他以超人的智慧、严谨的思维，在道德、精神和行为准则上指导万千读者，给人们以安慰和鼓舞，使他们从中汲取力量，从而改变自己的生活，开创崭新的人生。从总统到内阁大臣，从各界名流到普通百姓，卡耐基教育机构造就了千千万万的毕业生，所开创的成功学教育培训帮助无数人实现了自己的梦想，影响了整整几代人。他也由此奠定了第一代成功学大师的地位，被誉为"20世纪最伟大的人生导师"，畅销全球的美国《时代周刊》给予了他极高的评价——"或许除了自由女神，他就是美国的象征"。

"与其留给子孙财产，不如留给他们自信和勇气。"这是卡耐基于1932年在美国威斯康星州密尔沃基市举办的工商业者协会上的演讲中说过的话。而他留给后人最丰厚的精神遗产就是他的成功学理论。卡耐基在实践基础上写出的成功学著作是20世纪最畅销的成功励志经典，它们共同构成了卡耐基为人处世、通向成功之路的成功学体系，与他的成人教育培训班相辅相成，改变了传统的成人教育方式，影响了千百万人的生活。

"不要犹豫！请立刻阅读！这是改变你一生的机会！"——大多数读过卡耐基著作的人都很熟悉这句话。本书集结了卡耐基励志作品的精华，是卡耐基伟大思想的精髓所在。成功不是一个偶然，成功的品质早已写好，就看我们能否拥有那些成功必备的素质。卡耐基以其独到的见解分析人性，分析生活。在书中，他教会我们如何轻松地掌握一些为人处世的绝妙法则，从而使我们在事业上、生活中事事顺心，少些烦恼，少些忧愁。

这将是一部年轻人不可多得的人生指南，是能改变无数人命运的励志枕边书。书中那些真实的案例以及成功者的人生经验更能给予你智慧的启迪。技巧谁都可以掌握，但是经历却人人不同，如果你愿意花时间阅读书中的每一个例子，相信你会得到更多宝贵的东西。本书将帮助读者在职场工作、商务活动与社会交往中学会与人打交道，并有效地影响他人、获取他人的尊重和支持，掌握击败忧虑和自卑这两大人类成功之敌的要领，以创造幸福美好的人生。

目录
CONTENTS
卡耐基写给年轻人

第 一 章

目标至上，人生比盖楼更需要规划

先有梦想，后有成功

　　在很多课堂上，有不同的学员问我梦想和成功的关系，根据我对很多成功人士的观察，得出一个重要的结论：一般而言，是先有梦想，后有成功。

　　设定明确的目标，是所有伟大成功的出发点。有98%的人之所以失败，就是因为他们都没有明确的目标，即使花费了九牛二虎之力，最后还是哪里都到不了。

　　要攀到人生山峰的更高点，当然必须要有实际行动，但是首要的是找到自己的方向和目的地。如果没有明确的目标，更高处只是空中楼阁，望不见更不可及。如果我们想要使生活有突破，到达很新且很有价值的目的地，首先一定要确定这些目的地是什么。

　　1952年的《生活》杂志曾登载了约翰·戈德的故事。

　　戈德15岁时，偶然地听到年迈的祖母非常感慨地说："如果我年轻时能多尝试一些事情就好了。"

　　戈德受到很大震动，决心自己绝不能到老了还有像老祖母一样无法挽回的遗憾。于是，他立刻坐下来，详细地列出了自己这一生要做的事情，并称之为"约翰·戈德的梦想清单"。

　　他总共写下了127项详细明确的目标。里面包括了10条想要探险的河、17座要征服的高山。他甚至要走遍世界上每一个国家，还想要学开飞机、学骑马。

　　他要读完《圣经》，读完柏拉图、亚里士多德、狄更斯、莎士比亚等十多位大学问家的经典著作。

　　他的梦想还包括要乘坐潜艇、弹钢琴、读完《大英百科全书》等。当然，有重要的一项，他还要结婚生子。

　　戈德每天都要看几次这份"梦想清单"，他把整份单子牢牢记在心里，并且倒背如流。

　　戈德的这些目标，即使从半个多世纪的今天来看，仍然是壮丽且不可企及的。但他究竟完成得怎么样呢？

　　在戈德去世的时候，他已实现了127个目标中的103项。他以一生设定并且完成的目标，述说他人生的精彩和成就，并且照亮了这个世界。

梦想是对于所期望成就的事业的真正决心。梦想比幻想好得多，因为它可以实现。人一旦有梦想有目标，自然就会为了实现它而发挥更大的心力，人生的光辉由此粲然可见。

我不断在课堂上讲述惠特尼的故事，因为他的传奇显示了梦想的伟大：

在1910年那一年，来自马萨诸塞州乡下的惠特尼和朋友合租在纽约的一家廉价寄宿公寓。惠特尼和其他穷困的乡下孩子唯一的不同点是：他决心成为一家大公司的老板。

惠特尼在纽约找到的第一份工作，是为一家大食品连锁店当零售店员。他为了更了解业务状况，便利用午餐时间到批发部门去工作。他这样做虽然不能得到别人的感谢和额外的薪水，可是当一个更好的工做出缺时，老板就想到惠特尼而把工作留给他。

从零售店员升为业务员，然后是部门主管、地区经理。随着岁月的消逝，惠特尼渐渐成为公司的核心骨干。后来他终于成为一家包装公司的总裁，实现了自己的梦想。

这个乡下孩子曾对室友说："有一天我要成为一家大公司的总裁。"这句话并不是痴人说梦，他是在肯定自己的内在信念，为自己定下一个方向，借以鼓舞一生中的每一个行动。

为什么惠特尼能够获得成功？他工作努力，可是别人也一样努力。关键是，他知道他的方向。当他加班，当他换工作，当他学习业务上的新技能时——目标都朝向同一个方向。

漫无目的是不能成功者的咒语。他们茫然地找个工作，茫然地结婚……他们蹉跎岁月，彷徨地期待事情发生改变，心里却缺乏清楚的欲望和理想。

正如成功学家拿破仑·希尔所言："你过去或现在的情况并不重要，你将来想获得什么成就才最重要。除非你对未来有理想，否则做不出什么事来。有了目标，内心的力量才会找到方向。"所以说，一个人之所以伟大，首先在于他有一个伟大的梦想，一个伟大的目标。

目标为成功提供精神动力

目标是一个人成功的起点，是一个人奋斗的阶梯。虽不能说一个人只要有目标就能成功，但可以肯定地说，一个没有目标的人肯定不能成功。目标的力量是惊人的，它能给积极准备和实践者指明前进的方向和不竭的精神动力。具体说来应该有下面几点：

第一，产生动力，增强积极性。

你给自己定下目标之后，目标就在两个方面起作用：它是努力的依据，也是对你的鞭策。目标给了你一个看得着的射击靶。随着你努力实现这些目标，你就会有成就感。

你的目标必须是具体的，可以实现的，这很重要。如果计划不具体会降低你的积极性。为什么？因为目标是你向前迈进的动力，如果你无法知道自己前进了多少，你就会泄气，甩手不干了。下面这个真实的例子说明，一个人若看不到自己的进步，会有怎样的结果。

1952年7月4日清晨，加利福尼亚海岸笼罩在浓雾中。在海岸以西21英里的卡塔西纳岛上，一个34岁的女人涉水太平洋，向加州海岸游去。

要是成功了，她就是第一个游过卡塔林纳海峡的女性，这名妇女叫费罗伦丝·查德威克。在此之前，她是从英法两边海岸游过英吉利海岸的第一位女性。

那天早晨，海水冻得她身体发麻。雾很大，她几乎看不到护送她的船。时间一个钟头一个钟头过去，有几次，鲨鱼靠近了她，被人开枪吓跑。她仍然在游。在以往这类渡海游泳中她的最大问题不是疲劳，而是刺骨的水温。

15个钟头之后，她又累，又冻得发麻。她知道自己不能再游了，就叫人拉她上船。她的母亲和教练在另一条船上。他们都告诉她海岸很近了，叫她不要放弃。但她朝加州海岸望去，除了浓雾什么也看不到。

　　几十分钟之后—从她出发算起15个钟头零55分钟之后，人们把她拉上船。又过了几个钟头，她渐渐觉得暖和了，就开始感到失败的打击，她不假思索地对记者说："说实在的，我不是为自己找借口，如果当时我看见了陆地，也许我能坚持下来。"

　　人们拉她上船的地点，离加州岸只有半英里！后来她说，令她半途而废的不是疲劳，也不是寒冷，而是因为她在浓雾中看不到目标。

　　查德威克小姐一生中只有这一次没有坚持到底。两个月之后，她成功地游过同一个海峡。她不但是第一位游过卡塔林纳海峡的女性，而且比男子的记录还快了大约两个钟头。

　　查德威克虽然是个游泳好手，但也需要看见目标，才能鼓足干劲，完成她有能力完成的任务。当你规划自己的目标时千万别低估了制定可测目标的重要性。

　　第二，清楚你的理想。

　　对生活的环境不满是人之常情。专家经过调查发现，在这些人中有98%的人对自己心中的理想世界没有一个清楚的印象。因为没有清晰的理想，他们就没有一个人生目标来促使自己去改变现状。

　　拿破仑曾说："不想当元帅的士兵不是好士兵。"同样对于一个企业来说"一个心中有目标的普通职员，会成为创造历史的人；一个心中没有目标的人，只能是个平凡的职员。"

　　第三，安排事情的轻重。

　　目标给人做向导，凡是能接近目标的事情都应受到优先考虑，一个明确的目标有助于我们对日常工作中的事情进行取舍，清楚事情的轻重缓急。

　　对日常生活中的琐事，我们应该采取什么样的态度，取决于我们心中的原则，即成就目标的原则。有人说过："智慧就是懂得该忽视什么东西的艺术。"这句话正概括了这个真理。

　　第四，激发你的潜能。

　　许多年前，媒体做过300条鲸鱼突然死亡的报道。这些鲸鱼在追逐沙丁鱼时，不知不觉被困在一个海湾里。弗里德里克·布朗·哈里斯这样说："这些小鱼把海上巨人引向死亡，鲸鱼因为追逐小利而暴死，为了微不足道的目标而空耗了自己的巨大的力量。"

没有目标的人，就像故事中的那些鲸鱼，他们有巨大的成功潜能，但他们把精力放在小事情上，而小事情使他们忘记了自己本应做什么。说得明白一些，要发挥潜力，获得事业的成功，你必须全神贯注于自己有优势并且会有高回报的方面。目标能助你集中精力。另外，当你不停地在自己的优势方面努力时，这些优势会进一步发展。最终，在达到目标时，你自己成为什么样的人比你得到什么东西重要得多。

第五，把握未来。

成功人士总是事前决断，而不是事后补救。他们提前谋划，而不是等别人的指示。他们不允许其他人操纵他们的工作进程。不事前谋划的人其工作是不会有进展的。我们以《圣经》中的诺亚为例，他并没有等到下雨了才开始造他的方舟。

目标能帮助我们事前谋划，目标迫使我们把要完成的任务分解成可行的步骤。要想制作一幅通向成功的交通图，你就要先有目标。正如18世纪发明家兼政治家富兰克林在自传中说的："我总认为一个能力很一般的人，如果有个好目标，是会有大作为的。"

第六，合理安排时间和资源。

一旦你确定了明确目标之后，就应开始预算你的时间和金钱，并安排每天应付出的努力，以期达到这个目标。由于经过时间预算之后，每一分每一秒都有进步，故时间预算必然会为你带来效益。同样的，金钱的运用应该有助于明确目标的达成，并确保你能顺利地迈向成功。

第七，把热情投入到你的专业当中。

明确目标鼓励你行动专业化，而专业化可使你的行动达到完美的程度。

你对于特定领域的领悟能力，以及在此一领域中的执行能力，深深影响你一生的成就。普通教育之所以重要，就在于它可使我们发现自己的基本需要和欲望，然而一旦你确定自己的需要和欲望之后，便应立即学习相关的专业知识；而明确目标就好像一块磁铁，它能把达到成功必备的专业知识吸到你这里来。

第八，形成你的果断处事态度。

成功的人能迅速地做出决定，并且不会经常变更；而失败的人做决定时往往很慢，且经常变更决定的内容。记住：有98%的人从来没有为一生中的重要目标做过决定，他们就是无法自行做主，并且贯彻自己的决定。

那么，要如何克服不愿意做决定的习惯呢？

你可以先找出你所面临的最迫切的问题，并且对此问题做出决定，无论做出什么样的决定都可以，因为有决定总比没有决定要好，即使开始时做了一些错误的决定，也没有关系，日后你做出正确决定的概率会愈来愈高。

当然，如果能够事先确定你的目标，将有助于做出正确的决定，因为你可随时判断所做的决定是否有利于目标的达成。

第九，善于抓住机会。

明确目标会使你对机会抱着高度的警觉性，并促使你抓住这些机会。

柏克是一位移民到美国、以写作为生的作家，他在美国创立了一家以写作短篇传记为生的公司，并雇有6人。

有一天晚上，他在歌剧院发现，节目表印制得非常差，也太大，使用起来非常不方便，而且一点吸引力也没有。当时他就起了印制面积较小、使用方便、美观，而且文字更吸引人的节目表的念头。

于是第二天，他准备了一份自行设计的节目表样张，给剧院经理过目，说他不但愿意提供品质较佳的节目表，而且还愿意免费提供，以便取得独家印制权；而节目表中的广告收入，足以弥补这些成本，并且还能使他获利。

剧院经理同意使用他的新节目表，他们很快和城内所有的歌剧院都签了约，这项生意日后欣欣向荣，最后他们扩大营业项目，并且创办了好几份杂

志，而柏克也在此时成为《妇女家庭杂志》的主编。

如果你能像发现别人的缺点一样快速地发现机会的话，那你就能很快成功。

成功人生需要成功规划

人是生活在梦想之中的。因为人们期冀未来比现在美好，所以才会活下去。人可以失去很多东西，但目标是无论如何不能丢的。看到这一节时，希望你能静下心来，找个地方仔细想一想，你需要的是什么样的人生，你为实现人生的目标会做什么！有这么一则故事：

主人的两头牛走丢了，就吩咐他的仆人出去找，可是等了半天也不见仆人回来，主人只得出去寻找，看个究竟。在野地里，主人看到他的仆人正在那里来回瞎跑，就问他："你到底在干什么？"仆人回答说："我刚才发现两头鹿，您知道鹿茸非常值钱，所以不必找什么牛了。"主人说："那你找到鹿了吗？"仆人说："我去追朝东跑的那头鹿，谁知道它跑得比我快。不过请放心，我记得朝西的那头鹿脚有点瘸，所以转过来再追它，相信我会捉到它的。"

叫他找牛他去追鹿，捉东边那只时却惦记西边那只，反复无常注定这个仆人最终一事无成。一鸟在手胜过两鸟在林。不要给自己太多的事做，最重要的是把重要的一件事做好。

不论是砌砖工人或是推销员还是作家，不管我们选择何种职业，不管我们遇到何种困难，都要坚定一个信念：选我所爱，爱我所选。选择你自己喜欢的目标，然后努力奋斗，这才能使你成功。成功的人生需要清晰地规划，我们应该注意到目标规划的几个原则：

1.目标的长期性原则

我们必须掌握真正的目标，并拟定实现目标的过程，澄明思虑，凝聚继续向前的力量。拿破仑·希尔告诉我们："目标必须是长期的、特定的、具体化的、远大的。"

没有长期的目标，你可能会被短期的种种挫折击倒。理由很简单，没人能像你一样关心你自己的成功。你可能偶尔觉得有人阻碍你的道路，但实际上最阻碍你进步的人就是你自己。其他人可以使你暂时停止，但能让你一直奋进的决定权永远掌握在自己手中。

2.目标的单纯性原则

目标的建立必须单纯，你希望得到什么，你希望成为什么样的人，这些想法必须在你心中明确而单一。这好比是纯粹信仰的力量，当一个人向着心目中的唯一的神出发时，生命就开始燃烧，激情就开始迸发，行动也就更为坚定。只有这样，一个人的目标才更容易实现。

美国前总统罗斯福的夫人在年轻时从本宁顿学院毕业后，想在电讯业找一份工作，她的父亲就介绍她去拜访当时美国无线电公司的董事长萨尔洛夫将军。

萨尔洛夫将军非常热情地接待了她，随后问道："你想在这里干哪份工作呢？"

"随便。"她答道。

"我们这里没有叫'随便'的工作"，将军非常严肃地说道："成功的道路是由目标铺成的！"

这个例子很生动地说明了目标的单纯性的重要。

目标很重要，几乎每一个人都知道，然而，一般人在人生的道路上，是朝着阻力最小的方向行事，这是"徘徊的大多数普通人"，而不是"有意义的特殊人物"。你必须是一位"有意义的特殊人物"，而不是一位"徘徊的大多数普通人"。

选一个最热的天气，从商店里买一个最大的放大镜以及一些报纸，把放大镜拿来放在报纸上，离报纸有一段小距离。如果放大镜是移动的话，永远也无法点燃报纸。然而，放大镜不动，你把焦点对准报纸，就能利用太阳的威力，这时报纸就会燃烧起来。

不管你有多少能力、才华或能耐，如果你无法管理它，将它聚集在特定的目标上，并且一直保持在那里，那么你永远无法取得成就。那些枪法很准的猎人并不是向猎物群射击，而是每一次选定一只作为特定的目标。因此你的目标不能太笼统，而应该很清楚地确定出来。

3.目标的可行动性原则

一个明确的目标可以使行动更有方向性，使一个人更能适应目前的近况并努力做出积极的改变。

曾有人做过一个实验：组织三组人，让他们分别沿着十公里以外的三个村子步行。

第一组的人不知道村庄的名字，也不知道路程有多远，只告诉他们跟着向导走就是。刚走了两三公里就有人叫苦，走了一半时有人几乎愤怒了，他们抱怨为什么要走这么远，何时才能走到？有人甚至坐在路边不愿走了，越往后走他们的情绪越低落。

第二组的人知道村庄的名字和路段，但路边没有里程碑，他们只能凭经验估计行程时间和距离。走到一半的时候大多数人就想知道他们已经走了多远，比较有经验的人说："大概走了一半的路程。"于是大家又簇拥着向前走，当走到全程的四分之三时，大家情绪低落，觉得疲惫不堪，而路程似乎还很长，当有人说："快到了！"大家又振作起来加快了步伐。

第三组的人不仅知道村子的名字、路程，而且公路上每一公里就有一块里程碑，人们边走边看里程碑，每缩短一公里大家便有一小阵的快乐。行程中他们用歌声和笑声来消除疲劳，情绪一直很高涨，所以很快就到达了目的地。

当人们的行动有明确的目标，并且把自己的行动与目标不断加以对照，清楚地知道自己的进行速度和与目标相距的距离时，行动的动机就会得到维持和加强，人就会自觉地克服一切困难，努力达到目标。

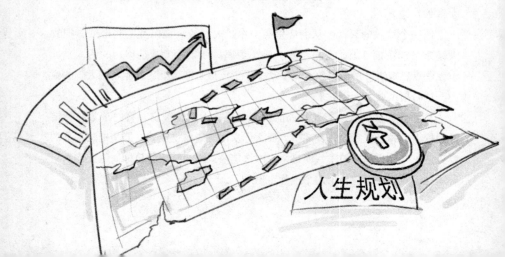

　　目标的确定必须具有行动性，目标只有和行动相结合才能发挥它的力量。所以，我们必须细心地考虑目标的可行性，我们有必要在长期目标下再订立具体可行的目标。

　　但是好多人都经常把目标定得很糟糕，因为人们喜欢行动（这比较具体而刺激），却不喜欢费精神去制定目标（这常是抽象的），诚如许多人所说的："定目标使人头痛。"

　　我们不能把目标放在真空中，制定的目标必须配合自己的需要、希望与限制，并注意什么需要留意。

4.目标的具体性原则

　　有些人的目标用很笼统的词句表达，譬如"当一名成功律师"；有的则比较具体，如"要能有效治疗大趾跟黏液囊炎肿"。广泛的事业目标也有用，因为拥有整个的观点，可以解放想象力，帮助我们探究所有可能的选择。但是，广泛的目标却不能使我们确定自己所要做的是什么，由于这个缘故，我们需要将事业目标具体化。

　　假如你有了一个广泛的事业目标，而你想拟个计划，定出具体的目标，下面是你应该做的：在白纸顶端写下那个广泛的目标，然后自问："我如何实现这个目标？"尽你所能地想出答案，把它们记录下来。现在，它们已够具体了，能提供你所需要的帮助了吗？假如仍不能，就每一点再问："我如何实现这个目标？"最后你会发觉，眼前出现的是呈金字塔形的目标网，塔尖是广泛的目标，底部则是无数具体的目标，它们直接指向有范围的行动计划。

　　有了这个行动计划，你的目标才可能达成。

制定目标的六个步骤

　　成功始于目标的设定，没有目标的人成功的机会是非常小的。目标大与小并不重要，重要的是，你一定要有一个明确的目标。

1.确定你的"理想清单"

　　你必须列出这一生当中你所想要完成的每一个目标。如果我们要去超级市场购买11种东西，但是我们只列了五六种，很可能就有五六种忘记买，因为我们没有列清单。在你的人生当中，假如你想要实现所有的目标和梦想，那第一个步骤就是要把它列出来。列出来并不表示你一定做得到，可是没有列出来，你忘记的可能性是99.99％！

2.进行优先级处理

我们常听很多人说，他有这个梦想，他有那个梦想，他这个时间要做这个，那个时间又要做那个……他时常矛盾。矛盾的原因是他没有排好优先级，所以你必须不断地为你的目标排定优先级。

譬如你现在要房子，又要车子，又要业绩上升，又要照顾家庭，又要出国旅游……在同一个时间、在同一个月里，这样的话，时间一定无法分配。所以优先级一定要排列清楚。

3.设定具体期限

梦想要成真，就一定要有期限。当你把期限写下来时，你就可以很清楚地了解，这个目标是太急，还是太慢，还是太多目标都要在同一个时间内实现。有些人写完梦想清单，发现他的目标都是长期的目标。当你的目标都是长期目标的时候，你必须把它分成一些短期的行动方案、行动步骤。有些人设立完目标，发现他的目标都是短期目标。这时我会建议他设立一些长期目标，让自己平衡一下，这是非常重要的。

4.盯紧核心目标

很多人有很多目标，可是没有一个最主要的目标，所以他头脑一下想着这个目标，一下又想着那个目标，反而不容易实现。

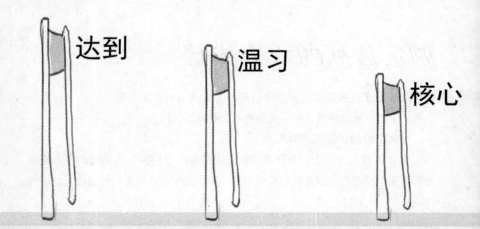

成功学有一个定律谈到"你只要重复不断地思考某件事情，并且有自信心，它都是可以变成真的"。假如没有一个核心目标让你每一分每一秒来思考，你实现目标的概率是比较小的，因为你重复的次数不够多。

5.经常温习你的目标

我们都有过这种感觉，有的目标长时间不回头去看看就会变得模糊，甚至忘记。要经常不断地重复你的目标，对核心目标，更得把它深刻地嵌在头脑中，使得你在遇到困难时，或者与别人闹别扭时，或者是睡觉做梦时都想到它。利用这种潜意识的力量，你的成功会变得自然并且轻而易举。

6.了解谁能帮你达到目标

记得以前有一个研究成功学超过50年的人，他讲了一个成功最重要的秘诀，他说："别人要的东西你多给他一点，别人不要的你就少给他一点。"

所以当你列出谁可以帮助你的时候，第一个请你列出来他可能需要什么帮助，你先去帮助他；你给他更多他所想要的，那他自然会反过来帮助你，这就驱动了所谓的互惠定律。

还有非常重要的一点就是"模仿"。找出有谁已经实现你想要实现的目标或是结果，他是怎么实现的？也许你没有办法亲自见到他，但你可以查阅有关他的资料。假如你能够见到他、清楚地问他，他给你讲30分钟，效果可能比你自己查资料好10倍以上。

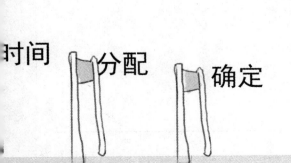
时间　分配　确定

第 二 章

立即行动，一千个想法不如一个行动

你为什么还不行动

最削弱生命活力的事情，莫过于总是梦想富甲天下，却从不肯进行一丁点儿的努力去实现这些梦想。眼高手低，有理想而不行动，会消磨人的意志，摧毁人的创造力。

19世纪50年代，受旧金山淘金热的影响，年轻的美国小伙子李维·施特劳斯也按捺不住了。他放弃了自己轻松的文职工作，随着两个哥哥来到旧金山。到旧金山不久，他开办了一家百货店。

一天，一位来店里买东西的淘金工人无意中对施特劳斯说："你们的帆布包真的很适合我们，为什么不用帆布做成裤子给我们淘金工人穿呢？我想，那一定比我们现在的棉布工装裤结实耐用多了。"

说者无心，听者有意，施特劳斯经过一整夜地反复思考，决定立即采用这位淘金工人的建议，于是他马上取出一块帆布到裁缝店，做出了第一条帆布工装短裤。这种工装裤诞生以后，果然受到了众多矿工的喜爱。这种工装裤就是现在风靡全球的牛仔裤的前身。

过了些日子，一位从远方来看望施特劳斯的朋友见到工人购买工装裤的

种一棵树最好的时间
是十年前，其次是现在

情形，向他建议道："我认为，你应该聘请一些有丰富经验的裁缝，先把这种裤子重新设计一番，再投入一些资金，并进行相应的广告宣传，然后把它完全地推向市场。"爽快的施特劳斯又立即接纳了这位朋友的建议，把经过重新设计的工装裤推向了市场。令施特劳斯没有想到的是，这种裤子不但吸引了大批矿工的喜爱，而且受到了年轻人的青睐。

这样一来，他引进设备，组装生产线，开始大批量地生产这种工装裤——牛仔裤，并利用各种媒体对牛仔裤进行大肆地宣传，甚至还大谈特谈起"牛仔文化"，无孔不入的宣传使牛仔裤广得人心。牛仔裤的市场前景越来越光明、越来越广阔，他的公司因此而获得了蓬勃发展。

要将梦想变为现实，一定要做三件事：第一，使我们的目标具体化；第二，集中精力，全力以赴；第三，将目标变为现实。在这一过程中，所必需的条件都取决于我们自己，而不是别人。无论我们身在何处，拥有多少财富，能把我们的理想变为现实的，只有我们的行动。

有千千万万的人拥有伟大的雄心、宏大的志向，他们也决定要实现这些理想，但是他们又因为疑虑、困惑而停滞不前，甚至不肯迈出一小步。他们一直在等待着，不敢前进，就像有魔鬼守在门口一样。他们常常不愿意全力以赴，更不用说完全切断自己的退路了。

立刻行动，绝不拖延，我们要注意下面几点：

1.不要害怕承担责任

要立下决心，你一定可以承担任何正常职业生涯中的责任，你一定可以比前人完成得更出色。世界上最愚蠢的事情就是推卸眼前的责任，认为等到以后准备好了、条件成熟了再去承担才好。在需要你承担重大责任的时候，马上就去承担它，就是最好的准备。

无论何时不要让疑虑不安阻挡了你的努力，不要让它在起点就麻痹了你，使你不敢努力向前，甚至使你成为行动上的侏儒。让勇敢的自信伴随着你，把懦弱的怀疑赶走。

如果那些由于没有成就而感到失望的人，能够下定决心强迫自己去做那些尽管自己不喜欢却对自己最有益的事情，哪怕仅仅坚持一个月，他们都一定会在通往成功的大道上找到新的起点，更好地把握自己，更好地承担责任。而他们的整个工作效果都会得到很好的改善。

要相信自己的能力，相信那些尚未得到完全开发的潜能会随时来帮助你。"精诚所至，金石为开。"除了你自己，没有人可以关闭你实现自我的理想之门。除了你自己，世界上没有任何艰难险阻，也没有任何其他力量，可以妨碍你走上成功创富的道路。

2.做事要尽可能直率、迅速

很多人之所以失败，一个重要原因就是因为办事时经常拖延迟误，不能迅速地加以解决。有许多有利的商机都在他迟疑不决、左思右想的时候失去了。

无论你要表述什么，一定要用简洁透彻的方式来阐明。无论你的本领多高，学识多深，气势多大，脑子有多聪明，如果没有迅速果断的处事手段，是绝不能抓住要点而获得成功的。

3.适当研究成功人士的做法

塞缪尔·斯迈尔斯认为，要想成功就要知道成功的人都采取什么样的行动。你必须研究成功者每一天都在做些什么，他们到底做了哪些跟你不一样的事，假如你可以如法炮制他们的行动，那么，你一定会成功。一个业务员要成功，必须拜访非常多的客户，如果他不知道，最顶尖的业务员一天拜访多少个客户，那么他根本就没有成功的机会；如果他无法付出顶尖业务员所做的行动，他就无法提高成绩。无论何时都要记住，只有行动才能出结果。

成功始于心动，成于行动

行动是成功创富的保证。任何伟大的目标，伟大的计划，最终必然落实到行动上。

拿破仑说："想得好是聪明，计划得好更聪明，做得好是最聪明又最好。"

创富开始于心态，创富要有明确的目标，这都没有错，但这只相当于给你的赛车加满了油，弄清了前进的方向和线路，要抵达目的地，还得把车开动起来，并保持足够的动力。

现在做，马上就做，是一切成功人士必备的品格。

有一篇仅几百字的短文，几乎世界上所有的主要语言都把它翻译过。仅纽约中央车站就将它印了150万份，分送给路人。这篇短文的原作者是Eebert Hubbard。文章最先出现在1899年的Philitine杂志，我看到后就把这个短文收录到我的书中。文章中写道：

"在一切有关古巴的事情中，有一个人最让我忘不了。当美西战争爆发后，美国必须立即跟西班牙反抗军首领加西亚取得联系。加西亚在古巴的丛林中——没有人知道确切的地点，所以无法写信或打电话给他。但美国总统必须尽快与他合作。"

"怎么办呢？有人对总统说，'有一个名叫罗文的人，有办法找到加西亚，也只有他才找得到。'"他们把罗文找来，交给他一封写给加西亚的信。那个叫罗文的人拿了信，把它装进一个油质袋子里，封好，吊在胸口，划着一艘小船，四天以后的一个夜里，在古巴上岸，消失于丛林中。接着在三个星期之后，从古巴岛的那一边出来，徒步走过一个危机四伏的国家，把那封信交给加西亚。

但所有这些细节都不是我想说明的。我要强调的重点是："麦金利总统把一封写给加西亚的信交给罗文，而罗文接过信之后，并没有问：'他在什么地方？他是谁？还活着吗？怎样去？为什么要找他？那是我的事吗？报酬如何？'"

没有问题，没有条件，更没有抱怨，只有行动，积极、坚决的行动。

我们总是有憧憬而不去抓住，有计划而不去执行，坐视各种憧憬、计划幻灭消逝。

凡是应该做的事，拖延着不立刻做，想留待将来再做，有着这种不良习惯的人总是弱者。凡是有力量、有能耐的人，总是那些能够在对一件事情充满热忱的时候，就立刻迎头去做的人。

曼利·史威兹喜欢打猎和钓鱼。他最大的快乐是带着钓竿和来复枪深入丛林，几天之后带着一身的疲惫和泥泞，心满意足地回来。

他唯一的困扰是，这项嗜好占去了他太多的时间。有一天，他依依不舍地离开扎营的湖边，回到保险公司工作时，突然产生了一个一般人认为很不实际的想法：荒野之中，也有人需要购买保险。

如此，他外出狩猎时，也一样可以工作。阿拉斯加铁路公司的员工，以及散居在铁路沿线的猎人、矿工都将成为他的潜在客户。

他立刻作好计划，并请教旅行社，然后就开始整理行李。他做好了所有的准备工作，以免"疑惑"袭上心头来恐吓他，使他认为这想法不切实际、会失败。之后，他立即搭船前往阿拉斯加。他沿着铁路来回走了无数次，"步行的曼利"是那些"与世隔绝"的人们对他的昵称。

他受到了热烈的欢迎，他不但是唯一和那些与世隔绝的人们接触的保险业务员，更是外面世界的象征。

除此之外，他还免费教他的潜在客户们理发和烹饪，经常受邀成为座上宾，享受佳肴。在短短的一年内，他的业绩突破百万美元，开展业务的同时他还享受到了登山、打猎、钓鱼的无限乐趣，他把工作和生活做了最完美的结合。

如果曼利·史威兹在梦想产生时，没有立即行动，可能会因为一再犹豫而无疾而终。想做的事情，立刻去做！

有计划而不去执行，使之烟消云散，这对于我们的品格力量会产生非常不良的影响。有计划而努力执行，这就能增强我们的品格力量。有计划不算稀奇，能执行制定的计划才算可贵。明确了方向，确定了目标，就应该用实际行动去追求理想。

斯通担任美国全国国际销售执行委员会执行委员时，曾作为该委员会的代表走访了亚洲和太平洋地区。在某个星期二，斯通给澳大利亚东南部墨尔本城的一些商业工作人员做了一次鼓励立志的谈话。到下一个星期四的晚上，斯通接到一个电话，是一家出售金属柜公司的经理意斯特打来的。意斯特很激动地说："发生一件令人吃惊的事！你会同我现在一样感到振奋的！"

"把这件事告诉我吧！发生了什么事？"

"我确定的主要目标是把今年的销售额翻一番。令人吃惊的是，我竟在48小时之内达到了这个目标。"

"你是怎样达到这个目标的呢？"斯通问意斯特，"你怎样把你的销售额翻一番的呢？"

意斯特答道："你在谈话中讲到你的推销员亚兰在同一个街区兜售保险单失败而又成功的故事。我记住你给我们的自我激励警句：'立刻行动！'我就去看我的卡片记录，分析了10笔死账。我准备提前兑现这些账，这在先前可能是一件相当棘手的事。我重复'立即行动'这句话好几次，并用积极的心态去访问这10个客户。结果做了8笔大买卖，发扬积极心态的力量所做出的事是很惊人的！"

要当一个成功者，必须积极地努力，积极地奋斗。成功者从来不拖延，也不会等到"有朝一日"再去行动，而是今天就动手去干。他们忙忙碌碌尽其所能干了一天之后，第二天又接着去干，不断地努力、失败，直至成功。

要记住这句老话："今天能做的事情不要拖到明天。"成功者一遇到问题就马上动手去解决。他们不花费时间去发愁，因为发愁不能解决问题，只会不断地增加忧虑。当成功者开始集中力量行动时，立刻就兴致勃勃、干劲十足地去寻找解决问题的办法。

你遇见过那种喜欢说"假若……我已经……"的人吗？有些人总是喋喋不休地大谈特谈他以前错过了什么样的成功机会，或者正在"打算"将来干什么样的事业。失败者总是考虑他的那些"假若如何如何"，所以总是因故拖延，总是顺利不起来。

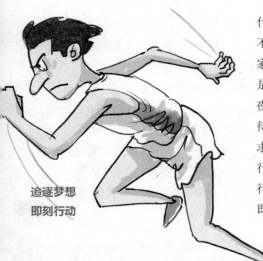

追逐梦想
即刻行动

总是谈论自己"可能已经办成什么事情"的人，不是进取者，也不是成功者，而只是空谈家。实干家是这么说的："假如说我的成功是在一夜之间得来的，那么，这一夜乃是无比漫长的历程。"不要等待"时来运转"，也不要由于急于求成而恼火，要从小事做起，要用行动争取胜利。记住，立即行动！行动能让你像曼利一样，抓住稍纵即逝的宝贵时机，实现梦想。

不要拖延，现在就去做

成功人士肯定懂得这样的格言："我们要明白一点：拖延、迟缓无异于死亡。"对于成功者而言，拖延是最具破坏性、最危险的恶习，它使你丧失了主动的进取心。一旦开始遇事拖拉，你就很容易再次拖延。而克服拖延唯一的解决良方，正是行动。

当你真的放手去做时你会惊讶地发现，你正迅速改变自己和自身的状况。正如英国首相及小说家本杰明·狄斯雷利所说："行动未必总能带来幸福，但没有行动却一定没有幸福。"

深夜，一个危重病人迎来了他生命中的最后一分钟，死神如期来到了他的身边。在此之前，死神的形象在他脑海中几次闪过。他对死神说："再给我一分钟好吗？"死神回答："你要一分钟干什么？"他说："我想利用这一分钟看一看天，看一看地。我想利用这一分钟想一想我的朋友和我的亲人。如果运气好的话，我还可以看到一朵绽开的花。"

死神说："你的想法不错，但我不能答应。这一切都留了足够时间让你去欣赏，你却没有像现在这样去珍惜，你看一下这份账单：在60年的生命中，你有1/3的时间在睡觉；剩下的三十多年里你经常拖延时间；曾经感叹时间太慢的次数达到了10000次，平均每天一次。上学时，你拖延完成家庭作业；成人后，你抽烟、喝酒、看电视，虚掷光阴。

"我把你的时间明细账罗列如下：做事拖延的时间从青年到老年共耗去了36500个小时，折合1520天。做事有头无尾、马马虎虎，使得事情不断地要重做，浪费了大约三百多天。因为无所事事，你经常发呆；你经常埋怨、责怪

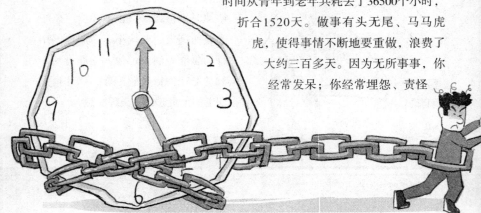

别人，找借口、找理由、推卸责任；你利用工作时间和同事侃大山，把工作丢到了一旁毫无顾忌；工作时间呼呼大睡，你还和无聊的人煲电话粥；你参加了无数次无所用心、懒散昏睡的会议，这使你睡眠远远超出了20年；你也组织了许多类似的无聊会议，使更多的人和你一样睡眠超标；还有……"

说到这里，这个危重病人就断了气。死神叹了口气说："如果你活着的时候能节约一分钟的话，你就能听完我给你记下的账单了。哎，真可惜，世人怎么都是这样，还等不到我动手就后悔死了。"

成功的最大敌人是，凡事等待明天。在所谓的风平浪静的生活中，你也许经常说到这样的话："我要等等看，情况会好转的。"对于有些人来讲，这似乎已经成为他们习以为常的一种生活方式。他们总是明日复明日，因而也就总是碌碌无为。

在现实生活中我们不难发现，其实每个人都有惰性，不分事情的轻重，喜欢拖延；唯一的区别，是拖延的程度不同罢了。每一个人都有拖延的习惯，每当想要的时候，就立刻把想法作转换，转换为没有设定完成期限。这就是拖延的根源，如果已经设定了期限，就不会拖延，而且，那个期限如果是一定要完成的，无法再更改的，这样一来，就没有拖延的借口。

拖延是一个习惯，行动也是一种习惯，不好的习惯要用好的习惯来代替。仔细思考一下，拖延的事情迟早要做，为什么要等一下再做？现在做完等一下可以休息，有什么不好？现在休息，也许等一下要付出更大的代价。想一想，在日常生活当中，有哪些事情是你最喜欢拖延的，现在就下定决心，将它改善。从最简单的事情开始，当你可以激发自己的行动力的时候，你会非常有干劲，会非常想去完成一件事情。

当事情不如意时，一定是你没有掌握正确的方法；当完成的速度不够快的时候，一定是你使用的策略不对。当你开始拖延的时候，一定是你的优先顺序没有排列对，因为你不知道这件事有多重要。凡事掌握其根源，必定会得到非常大的收获和成效，不管你现在要做什么事，请立刻行动。

现在就去做你一直在推迟的事情。在采取实际行动之后，你会发现，拖延时间真的毫无必要，因为你很可能会喜欢自己一再拖延的这项工作。在实际工作中，你会逐步打消自己的各种顾虑。

问问自己："倘若你做了自己一直拖延至今的事情，最糟糕的结果会是什么呢？""最糟糕的结果"往往是微不足道的。因而你完全可以积极地去做这件事，认真分析一下自己的畏惧心理，你会懂得维持这种心理毫无道理。

给自己安排出固定的时间，如周一晚上10点至10点15分专门做曾被拖延的事情。你会发现只要在这15分钟内专心致志地工作，你往往可以做完许多拖延下来的事情。

要珍爱自己，不要为将要做的事情忧心忡忡。不要因拖延时间而忧虑，要知道，珍爱自己的人是不会在精神上这样折磨自己的。

认真审视你的现实情况，找出你目前回避的各种事情，并且从现在起逐步消除自己对真正生活的畏惧心理。拖延时间意味着在现实生活中为将来的事情而忧虑。如果你把将来的事情变成现实，这种忧虑心理必然会消失。

认真审视一下自己的创富计划。假设你今生今世还有6个月的时间，你还会做自己目前所做的事情吗？如果不会的话，你最好尽快调节自己的生活，现在就去做你最紧迫、最需要做的事情。为什么？因为相对而言，你的时间是很有限的。在时间的长河中，30年和6个月是相差不多的。你的全部生命只不过是短暂的一瞬间，因而在任何方面拖延时间毫无道理。

行动造就真正的巨人

人们在做一件事情之前，总是先有目标和计划，然后才付出行动来实施。不要奢望不劳而获。机遇不会从天而降，它需要靠自己双手去创造和争取。

西方流传着这样一个故事：

很久以前，一位聪明的国王召集了一群聪明的臣子，给了他们一个任务："我要你们编一本各时代的智慧录，好流传给子孙。"这些聪明人离开国王后，工作了很长的一段时间，最后完成了一本厚达十二卷的巨作。国王看了以后说："各位先生，我确信这是各时代的智慧结晶，然而，它太厚了，我怕人们不会读，把它浓缩一下吧。"

这些聪明人又长期努力地工作，几经删减之后，完成了一卷书。然而，国王还是认为太长了，又命令他们再浓缩，这些聪明人把一卷书浓缩为一章，又浓缩为一页，然后减为一段，最后变为一句话。聪明的老国王看到这句话后，显得很得意。"各位先生，"他说，"这真是各时代智慧的结晶，并且各地的人一旦知道这个真理，我们大部分的问题就可以解决了。"

这句话就是："天下没有免费的午餐"。

这则寓言告诉人们这样一个道理：你要实现你的人生理想，你就必须行动。行动能够抓住机会。从现在起，不要再说自己"倒霉"了。对于成功者来说，勤奋工作就是好运气的同义词。只要专心去做好你现在所做的工作，坚持下去直到把事情做好，"机会"就会来到。

怨天尤人不会改变你的命运，只会耽误你的光阴，使你没有时间去取得成功。如果你想要"赶上好时间、好地方"，就去找一样你能够拼上一拼的工作，然后努力去干。幸运不是偶然的。只要勤奋工作，就会把幸运女神召唤来。

行动发挥潜能。科学已经证明，人的潜能几乎是无穷的。行动，潜能就会增加；不行动，潜能就会减退。行动促使潜能发展，潜能的发展必然又带来更大的行动。行动会增强自信心，犹豫只会带来恐惧。克服恐惧的唯一办法就是立即行动。

跳伞的人拖得越久越害怕，就越没有信心。"等待"甚至会折磨各种专家，并使他们变得神经质。有经验的教师站在讲台上长时间不开口也会紧张得不行。著名播音员爱德华·慕罗在面对麦克风之前总是满头大汗，开始播音以后，所有的恐惧立即"烟消云散"了。行动可以治疗恐惧，许多老演员也有这种经验，立即进入状态，可以解除全部的紧张、恐怖与不安。

一般人则不了解这个道理，他们应付恐惧的常用方法就是"不做"或回避。多数推销员就经常这样，他们经常怯场，结果是越来越糟。克服恐惧的最佳办法，就是立刻就做。不管干什么事，制定目标之后，就要立即行动，不可一拖再拖。信息时代，是讲究速度和高效的，不行动就要落后。行动的步骤包括：

（1）确立明确的目标。有些人的目标比较笼统，比如说当一名科学家。有的则比较具体，比如要发明出治疗癌症的药。广泛的理想目标也有用，因为它们有整体的观点，可以解放想象力，帮助我们探究所有可能的选择。但是，广泛的目标却不能使我们确定自己所要做的是什么。由于这个缘故，我们需要具体的目标。

目标有两种，一种是"输出目标"，一种是"能力目标"。输出目标指的是可以凭借多种方式完成的目标。能力目标则比较难懂，但是重要性一样，这种目标可以用来回答这个问题："为了达到我的输出目标，我必须擅长于什么？"输出目标和能力目标可谓携手并行，相互支持。比如有些女演员，她给自己订立的"输出目标"是，在明年的两个大型电视剧中出演。这个目标需要她表演成功才能达到，所以做一名引人注目的女演员，便是她的能力目标。

（2）行动必须忠诚于订立的目标。为什么要提出这个问题呢？因为在古今中外有关成功的实践或事例中，行动与目标背离，不依目标的要求行事，这是一种十分常见的错误，也是许多人最后目标落空，陷于失败的常有教训。

正如美国学者莫利斯博士所说：一般人的行为，经常与他的梦想或目标不一致，这种现象十分普遍，达到了令人吃惊的程度。其实，每个人都会犯这个毛病，只是程度不同罢了。而常犯这种毛病，无疑是在自己前进道路上放置障碍物，阻碍自己迈向成功。

不忠诚于目标，就是行动与目标的要求不协调，莫利斯博士举例说：售货员的目标是卖出更多的东西，行动却是对顾客蛮横无理；做丈夫的希望家庭美满，却对自己的妻子漠不关心；有的公司希望与客户和供应商建立相互信任的关系，提高自己的信誉，行动却是三天两头耍花招儿，欺诈不断；某个瘾君子发誓戒烟，却在家里和车上私藏香烟。诸如此类的事情，在我们的生活中确实经常见到。

为什么忠诚目标有时显得那样难呢？一个重要原因，是忠诚目标需要付出较大的努力，需要克服许多人性的弱点，需要对自己的欲望严加约束。所以行动忠诚于目标，是一件非常难于做到的事情，因为人人有这样那样的欲望，节制欲望需要付出极大的毅力，从更高的层次说，需要坚定的理想信念，需要有强大的精神支柱。

第 三 章

要学会跟成功者在一起

接近赢家就能成为赢家

赢家做事有一套自己的方式，他们通常都以不同的方式思考和行动，凡是在某领域出类拔萃的人，其所思与所为都不同于该领域中的一般人。

这些赢家也许不自觉于自己做的事有别于他人，很少想这个问题，也不谈论。但就算赢家不说出他们成功的秘诀，经由观察还是可以推论得知。

例如，学徒向工匠学手艺，学生借着协助教授做研究而学习，年轻的艺术家花时间与有成就的艺术家相处——都是借着协助与模仿，从而观察佼佼者的做事方式。

观察杰出人士你会发现，他们看事情的方式不一样，管理时间的方式不一样。如果他们所做的你也做到了，或甚至能做到同行者通常做不到的事，你才可能爬到顶尖。

意大利和法国地灵人杰，是盛产艺术人才，特别是诞生视觉艺术人才的好地方。皮尔·卡丹正是喝这两个艺术圣地的水长大的。

皮尔·卡丹为意大利人，1924年出生于水都威尼斯，喝了两年威尼斯的水后，又随父母移居法国。意大利人有精巧的手工艺技术，对意大利人制造的皮具、时装等精品，皮尔·卡丹从小醉心，长大一直作为他学习模仿的对象以及自己进行独创的参照。

皮尔·卡丹小学毕业后，便到时装店当店员，师傅们制衣、缝衣、时装设计，更成为他勤苦学习、模仿的对象。二战后他进"蒂柯"时装店任设计师，施展设计才华，很受蒂柯老板也是出色时装设计家的器重，薪酬翻了几番，收入非常丰厚。只因一次失窃事件，店家怀疑到是前来找他的朋友作的案，他感到受辱，坚决辞职自立门户了。

1953年，他的时装店的名字，设计制作时装精晶的品牌才统统用自己的名字。从此"皮尔·卡丹"精品名牌，响遍法国，享誉世界。意大利工艺、法国手艺，在皮尔·卡丹的突破式模仿创意中，使其精品时装更加令世界称奇。

优秀的人是那些在人格、品行、学问、道德等方面都胜过你的人，与他们的交往，你就能尽量吸收到种种对你有益的东西，可以鼓励你在事业上激起更大的灵感和努力来。

19世纪的维也纳，国王在公共场所出场时，人们要欢呼三次以示隆重。

可1824年5月7日贝多芬的《第九交响曲》首次演出后，热情激动的观众竟欢呼达五次之多，直到警察出面才停止了这么狂热的场面。

《第九交响曲》是乐圣贝多芬登峰造极的音乐作品。贝多芬，这个"震惊世界的人"（著名作曲家莫扎特语）的震惊世界的作品——《第九交响曲》，正是突破式模仿之作。贝多芬的模仿表现在三个方面：

其一是思想模仿。贝多芬生活在德国，他通过康德、席勒等人的作品，对卢梭的法兰西共和思想十分憧憬和向往，因而在他的《第九交响曲》中充分体现出这种共和思想。

其二是音乐模仿。贝多芬在《第九交响曲》创作过程中，收集了大量的与卡比尼风格相近的法国音乐家缪尔的作品，并将他们的风格渗透到自己的创作中去。

其三是作曲技法的模仿。贝多芬在《第九交响曲》第四章《欢乐颂》的合唱中，模仿了卡比尼和缪尔的作曲技法。

但我们不能说《第九交响曲》思想是卢梭的，音乐是缪尔的，作曲技法是卡比尼和缪尔的。这些在《第九交响曲》中统统消失了，都融进该曲并成其有机的部分不能分离以致不能分辨了。这就是创造技法中突破式的模仿。

头脑与头脑之间，心灵与心灵之间，有着一种伟大的感应力量；这种感应力量，虽无法测量，然而它的刺激力，它的破坏及建设力是十分巨大的。假使你常同比你低下的人混在一起，则他们一定会把你拖下去，一定会降低你的志愿和理想。尽量跟那些道德高尚、性情良好、光明磊落的人交往，这样所得到的好处是十分惊人的。每一个人都会受益于周围的人的大部分思想、举止与个性，甚至连你的智商也会受到环境与伙伴的影响。

在以色列的克伊布兹，各项实验的结果显示，东方犹太儿童的智商平均为95，而欧洲犹太儿童的平均智商为105。这证明欧洲犹太儿童比东方犹太儿童要聪明些。可是当他们都在克伊布兹住过4年以后，由于当地环境是积极的，学习环境良好，而且献身学习的气氛也很高涨，所以平均智商都达到了115的相同水准。

这一点很令人兴奋。当你跟具有积极态度、道德观的正派人士为伍时，成功的机会也就大为增加了。与优秀的人交往总是会使自己也变得优秀。优秀的品格通过优秀的人的影响四处扩散。"我本是块普通的土地，只是我这里种植了玫瑰。"有其父必有其子，品格优秀的人必然造就品格优秀的人。卡农·莫斯利指出："成功是可以传染的，接近赢家就能成为赢家。"

大人物是你的成功捷径

我们想成为什么样的人，背后就得站着一群什么样的人。有人说："看一个人的人际关系，就知道他是怎样的人，以及将会有何作为。大多数人的成功源于良好的人际关系。"

看一个人的才能，不是看他的口袋里有多少钱，而是看他的朋友的层次。成功者总是用心去经营人脉"磁场"，想方设法结交贵人，尤其是上流社会中的大人物。

当你遇到任何无法应付的困难而要寻求帮助时，明智的做法是找一流的人物请教。如果向一个失败者请教，就跟请求庸医治疗绝症一样可笑。因为这种人一辈子都没有出息，从来都没有成功过，是没有能力给出高明的意见和建议的。

19世纪20年代初期，罗斯柴尔德在巴

黎发迹，不久之后他就面对最棘手的问题：一名犹太人，法国上流社会的圈外人，如何才能赢得排斥外国人的法国上层阶级的尊敬呢？罗斯柴尔德是了解权力的人，他知道他的财富会带给他地位，但是他会因此在社交上被疏离，最后地位与财富都将不保。因此他仔细观察当时的社会，思考如何受人欢迎。

慈善事业？法国人一点也不在乎。政治影响力？他已经拥有，如果再在上面花心思只会让人们更加猜疑。他终于找到一个缺口，那就是无聊。在君主复辟时期，法国上层阶级非常无聊，因此罗斯柴尔德开始花费惊人的巨款供他们娱乐。

他雇用法国最好的建筑师设计他的庭园和舞厅，雇用最有名的法国厨师卡雷梅准备法国人未曾目睹过的奢华宴会。没有任何法国人能够抗拒，即使这些宴会是德国犹太人举办的，罗斯柴尔德每周的晚会都会吸引很多客人。

罗斯柴尔德的晚会反映出他渴望与法国社会打成一片，而不是混迹于商界的思想。透过在"夸富宴"中挥霍金钱，他表现出他的欲望不只在金钱方面，而是希望进入更珍贵的文化领域。罗斯柴尔德透过花钱赢得社会接纳，但是他所获得的支持不是金钱本身可以买到的。事实证明，在以后相当长的一段时间里，他一直受惠于这些贵族客人。

罗斯柴尔德用他的行动告诉我们，跻身上流社会，与成功人士在一起，至少让你看起来像一个成功者，即使你可能还没成功。跻身于上流社会后，你将更容易获得成功的机会。

每一个伟大的成功者背后都有另外的成功者在支撑着。没有人是靠自己一个人达到事业顶峰的。所以，如果你想成为出类拔萃的人，就一定不能忽略人脉的储备。一个人的力量是十分有限的，许多问题往往不是一个人能够独自解决的。当问题因无法解决而陷入僵局时，你就必须请教能为你指点迷津的人，请他们帮助你，给你建议，以便顺利解决问题。

借助成功人士的成功氛围

心理学研究表明，环境可以让一个人产生特定的思维习惯，甚至是行为习惯。环境能够改变我们的思维与行为习惯，直接影响到我们的工作效能与生活。

和成功人士在一起，有助于我们在身边形成一个成功的氛围，在这个氛围中，我们可以向身边的成功人士学习正确的思维方法，感受他们的热情，了解并掌握他们处理问题的方法。

下面是一位百万富翁请教一位千万富翁的对话。通过这个故事可以让我们知道和成功人士在一起的重要作用。

"为什么你能成为千万富翁，而我却只能成为百万富翁，难道我还不够努力吗？"一位百万富翁向一位千万富翁请教道。

"你平时和什么人在一起？"

"和我在一起的全都是百万富翁，他们都很有钱，很有素质……"那位百万自豪的回答。

"呵呵，我平时都是和千万富翁在一起的，这就我能成为千万富翁而你却只能成为百万富翁的差别。"那位千万富翁轻松地回答。

由此我们可以看出造成他们差距的是他们所处的环境不同，也就是说交往的朋友不一样。生活中有这样一个规律：你的年收入是你交往最密切5位朋友年收入的平均值。

假如你第5位朋友年收入分别是：6万，7万，10万，13万，14万。总和是50万，那你的年收入就应该在10万左右。当然这个数字只是理论上的，但我们接触的事实大多是这样的。因此，有这么一句话："看你身边的朋友就知道你是个什么样的人。"

1.审视自身的环境，寻找有益的同伴

你所遇到的人，决定你的命运。良好的环境可以促进人的成功，恶劣的环境会阻挠人的成功。所以，假如你想要取得事业上的成功，就应该先看看周围的环境是不是与它相适合。

假如和一群消极的人在一起，每天听到的都是消极的话，不断输入潜意识，就会变得和他们一样消极。原因是，人与人之间通过意识、潜意识、生物场等等途径不断地在交换物质、信息。你所接触的环境决定了你的思想格局，你的思想言行都是你所在环境的各种反映。接触正面，运用的就是正面的东西，接触负面，使用出来都是负面东西。

巧妙利用环境因素，是成功的速成方法。因为你时刻在与环境相互作

用，换言之就是时刻在环境中学习，所以，想要得到一个什么样的结果，就尽量处在一个什么样的环境中，通过与环境的接触学习其中的东西。我们要在自己的周围建立一种成功的氛围，积极接触那些能够为我们带来正面启示的人，即发现有益的同伴，这样我们的工作起来才会越来越顺利。

那么哪些是有益的同伴呢？就是那已经功成名就或者正朝这个方向前进的人，那些具有追求成功动机的人、自信的人，那些愿意将所知传授给别人的人，包括教师、教练、主管、同事、家庭成员中的长者和智者、训练员和领袖。他们使你攀登顶峰的路途更为平坦。

2.结交优于自己的人

那些能够为我们带来益处的人往往是那些优于我们自己的人。一位成功学专家认为，"一个最有可能成功的人，他在朋友圈子中的成就应当是最低的。"为什么是这样呢？因为只有你的朋友比你强的时候，你才能从交友中获益；假如所有的朋友都没你棒，就不太妙。

3.和成功者在一起

如果你与成功者在一起学习，他们都非常热情，非常有行动力，你跟他们在一起，不行动都不行。一个人要成功，必须做到下面几点：

第一，他必须帮成功者工作。

第二，当他开始成功的时候，一定要跟更成功的人合作。

第三，当他越来越成功时，要找成功者来帮他工作。

只要你能依照这3个方法，按部就班地去做，你一定会非常成功。一般人无法成功，是因为他们连帮成功者工作的态度都没有，他总是想要自己先发明一

套。事实上，当你还没成功模式之前，自己发明出来的办法大多数效果都是有限的。

环境能让你产生特定思维习惯，甚至是行为习惯。环境的确能影响思维与行为习惯，左右你的人生。所以要慎重地把自己的环境调整好，当你调整好了，你就会海阔天空。

因此，如果你要获得成功，就要时刻在自己的身边形成一个"成功"的氛围，最好的办法就是尽量地找机会和成功人士在一起，多多感受和学习他们身上的优秀品质。

主动结交成功者，少走弯路

事业成功的人，有赖于比自己优秀的朋友，不断刺激自己力争上游。因为优秀的人就是一个更高的平台，帮助你一步步登上事业顶峰。主动结交成功者，可让你省出走弯路的精力。

要和优秀的人相识，并不像通常所想象的那么困难，就是要结交地位较高的人也如此。尤其是年轻人更需要把握与地位较高的人亲近的机会。

美国少年亚当在杂志上读了大实业家威廉·亚斯达的故事，很想知道得更详细些，并希望能得到他们对后来者的忠告。有一天，亚当跑到纽约，也不管几点开始办公，早上7点就到了威廉·亚斯达的事务所。

在第二间房子里，亚当立刻认出了面前的那个人就是自己所要拜访的人。亚斯达刚开始觉得这少年有点讨厌，然而一听少年问他："我很想知道，我怎样才能赚得百万美元？"他的表情便柔和起来，俩人竟谈了一个小时。随后亚斯达还告诉他该去访问其他实业界的名人。亚当照着亚斯达的指示，遍访了一流的商人、总编辑及银行家。

在赚钱这方面，他所得到的忠告并不见得对他有所帮助，但是能得到成功者的知遇，却给了他自信。他开始仿效他们成功的做法。过了两年，亚当成为他当过学徒的那家工厂的所有者。24岁时，他是一家农业机械厂的总经理，为时不到5年，他就如愿以偿地拥有百万美元的财富了。

亚当活跃在事业界多年，总结出了自己成功的一个信条就是多与优秀的人结交，建功立业的前辈能带给你一个改变命运的机遇。

杰克是美国印第安纳州小乡镇上的铁道电信事务所的新雇员。16岁时他便决心要独树一帜。27岁他当了管理所所长。后来，成为俄亥俄州铁路局局长。他给刚进校门读书的儿子的忠告是："在学校要主动和一流人物结交，有能力的人不管做什么都会成功……"

萨加烈也说了同样的话："如果要求我说一些对青年人有益的话，那么，我就要求你时常与比你优秀的人一起行动。就学问而言或就人生而言，这是最有益的。学习正当地尊敬他人，这是人生最大的乐趣。"

不少人总是乐于与比自己差的人交际。这的确可以得到自慰。因为，在与这些人交际时，能产生优越感。可是从不如自己的人当中，显然是学不到什么的。而结交比自己优秀的朋友，能促使我们更加成熟。

结交朋友虽然出于偶然的机会认识，但朋友对个人的影响却是很大的。因此，在交朋友时要善于考虑并选择比你更优秀的人，这样意味着你离成功更近了一步。

第四章

是否真有 "机会平等" 这件事

机会眷顾有准备的人

所谓机遇，要因人而异。在有准备的人那里，机遇一露头就会被发现、抓住，进而转化为成功。而在没有准备的人那里，机遇就不会被发现。

对一个人的成功产生决定性影响的机遇是不多的。对机遇的到来必须要有敏锐的嗅觉和判断能力。当别人对机遇的到来还麻木不仁时，你能捷足先登，抢占先机，就俘获了机遇。那些对机遇的到来懵然无知，或后知后觉的人，也必然无法挽到它的臂膀。

萧伯纳曾说："人们总是在责怪自己的机遇不好。我不相信机遇。世界上杰出的人物都是主动寻找自己所希望的机遇；如果找不到，他们便去创造这样的机遇。"

有人坐等机会，希望好运气从天而降。如果没有做好准备，即使机会降临，也难以发现。

有位年轻人，想发财想得发疯。一天，他听说附近深山里有位白发老人，若有缘与他相见，则有求必应，肯定不会空手而归。于是，那年轻人便连夜收拾行李，赶上山去。

他在那儿苦等了5天，终于见到了那个传说中的老人，他求老者赐给他好运。

老人便告诉他说："每天清晨，太阳未东升时，你到海边的沙滩上寻找一粒'心愿石'。其他石头是冷的，而那颗'心愿石'却与众不同，握在手里，你会感到很温暖而且会发光。一旦你寻找到那颗'心愿石'后，你所祈愿的东西就可以实现了！"

每天清晨，那个年轻人便在海滩上捡石头，发觉不温暖又不发光的，他便丢下海去。日复一日，月复一月，那个年轻人在沙滩上寻找了大半年，却始终也没找到温暖发光的"心愿石"。

有一天，他如往常一样，在沙滩开始捡石头。一发觉不是"心愿石"，他便丢下海去。一粒、二粒、三粒……突然，"哇……"

年轻人大哭起来，因为他突然意识到：刚才他习惯性地扔出去的那块石头是"温暖"的……

当机遇到来时，如果你麻木不仁就会和它失之交臂。人们只要抓住机遇，利用机遇，努力奋斗，就可以获得真正幸福的人生。

机遇的产生和利用都需要有其主、客观条件。从主观上讲，机遇只属于那些有准备的人。这里的准备主要有以下内容：一是知识的积累。没有广博而精深的知识，想发现和利用机遇是不可能的。二是思维方法的准备，只具备知识，而没有必要的思维方法，只能让机遇白白地从身边溜走。

当然，成功而有效的思维方法的掌握不是一朝一夕的事情，它需要人们下苦功夫，在长期的生活实践中培养训练。因此，我们既要勤于思考，又要有独立思考的能力。但我们也得明白，不论是知识积累方面的准备，还是思维方法方面的准备，都是一个过程。

人的主观条件非常重要，它要求人们应努力学习和工作。从客观条件讲，机遇的产生和利用需要有良好的社会环境，如自由的科研氛围、平等的择业工作机会，及良好的家庭环境、教育程度等。机遇的产生是主、客观条件相互作用的结果，它既有必然性，也有偶然性。只有捕捉住机遇，才能使其由可能性向现实性转化，从而使人们走向成功的峰巅。

怎样去准备呢？那就要留心周围的小事，独具慧眼。在日常生活中，常常会发生各种各样的事，有些事使人大吃一惊，有些事却毫无惊人之处。一般而言，使人大吃一惊的事会使人倍加关注，而平淡无奇的事往往不被人所注意，但它却可能包含有重要的意义。

肯定不是这一块石头

　　一个有敏锐洞察力的人，他会独具慧眼。19世纪的英国物理学家瑞利正是从日常生活中洞察到当端茶水上来时，茶杯会在碟子里滑动和倾斜，有时茶杯里的茶水也会洒一些，但当茶水稍洒出一点弄湿了茶碟时会突然变得不易在碟上滑动。瑞利对此作了进一步探究，做了许多相类似的实验，结果得到一种求算摩擦的方法——倾斜法，给人们的科学事业做出了极大的贡献。

　　当然，我们说培养敏锐的洞察力，留心周围小事的重要意义，并不是让人们把目光完全局限于"小事"上，而是要人们"小中见大""见微知著"。只有这样，才能更好地发现机遇。

　　在具备敏锐洞察力的前提下，还必须具备一定的判断力。判断力不仅对于正常情况下的科学发现活动和其他实践活动是重要的，对于异常情况下的科学发现活动及社会急剧变化时的实践活动更为重要。在物质文明与精神文明飞速发展的今天，人们应该据自己的判断力，选择和从事有利于社会又适合自己，能给自己带来物质和精神生活幸福的工作。

把握机遇需要亮出你自己

　　在研究中发现，对许多成功者产生决定性影响的机遇次数是极少的，少的只有一两次，多的也仅四五次。因此，对于渴求成功的人，机遇的质量重于数量。要选择对自身成长最有效用的机遇，放弃那些对成才帮助不大的机会。尽可能使机遇在你的成才之路上发挥出最大的作用。

　　机遇是不会主动与你会晤的，你只有不断地醒目地亮出你自己、展示你自己，找到赏识你的人，吸引他人（包括名人、伯乐）的关注和重视，你才有可能找到机遇。过于含蓄、羞羞答答，不敢亮出自己才能的人，得不到"伯乐"重视、社会认可，那就是必然的了。

　　有一匹千里马，身材瘦小，但却能矫健如飞，日行千里。这匹千里马混在众多马匹之中，黯淡无光，没有多少人知道它有与众不同的奔跑能力，因为它看起来实在太瘦弱。马场的马一匹匹被买主买走，这匹千里马始终没有被人相中。但千里马并不为之所动，在心里甚至耻笑那些庸庸之辈，对那些买主更是不屑一顾，认为他们目光短浅，与其被他们挑中，宁愿自己一个人永远这样待着。马场的老板对这匹马渐渐地没有了信心和耐心，给的草料数量和质量越来越糟糕。但千里马仍然信心很足，它相信总有一天，伯乐会相中它的。

有一天伯乐真的来了，他在马场转了半天，来到了这匹千里马面前。千里马高兴极了，心想，这下机会来了。伯乐拍了拍马背，要它跑跑看。千里马见伯乐如此举动，心里很是不快，如果是伯乐，肯定一眼就会相中我，为什么还不相信我，还要我跑给他看呢？这个人一定不是真伯乐！于是千里马拒绝奔跑。伯乐失望地摇摇头，走了。

又过了一段时间，马场的马只剩下千里马这一匹了。老板见它可怜，本想骑着它回老家去，好好饲养它，可千里马就是不走。无奈之下，老板只好把千里马杀了，拿到街上去卖马肉。

一切靠你自己主动，美好的东西不会主动跑到你面前来，就算天上掉下馅饼，也要你主动去捡，而且你还必须抢先别人一步。金子如果被埋在土里就永远不会闪光。如果要闪光只有两种可能：一种是被矿工侥幸发掘，而这几乎不可能；另外一种是通过自己的力量破土而出。如果你努力，如果你是真金，这种可能几乎等于必然。

一个有才干的人能不能得到重用，很大程度上取决于他能否在适当场合展示自己的本领，让他人认识。如果你身怀绝技，但藏而不露，他人就无法了解，到头来也只能空怀壮志，怀才不遇了。喜欢表现自我的人总是不甘寂寞，喜欢在人生舞台上唱主角，寻找机会表现自己，让更多的人认识自己，让伯乐选择自己，使自己的才干得到充分发挥。

自我表现应把握的几条原则：

1.推荐以对方为导向

在推荐自己的时候，注重的应该是对方的需要和感受，并根据他们的需要和感受说服对方，被对方接受。

某重点高校学生琳琳，个性外向，多才多艺。她听说一家知名刊物招聘记者，便立即前去面试，谁知由于准备工作不足，她对该刊物缺乏了解，回答此类问题时张口结舌，尽管她成绩很好，也很聪明能干，却没能赢得总编的好感。琳琳的自我表现因为导向错误而归于失败。

2.不要害怕失败

"人有百号，各有所好"，对人才的需求也是这样。假如你尽管针对对方的需要和感受仍说服不了对方，没能被对方所接受，你应该重新考虑自己的选择。但是不要因为一次失败便失去自我表现的勇敢。你应该调整的是你的期望值，而不是自我表现的态度和方法。

3.掌握一些方法

人们通过面试可以取得推荐自己、说服对方、达成协议、交流信息、消除误会等功效。自我表现时，应注意和遵守以下法则：依据面谈的对象、内容做好准备工作；语言表达自如，要大胆说话，克服心理障碍；掌握适当的时机，包括摸清情况、观察表情、分析心理、随机应变等。

4.要有自己的特色

表现自己必须先从引起别人注意开始，如果别人不在意你的存在，那就谈不上表现自己。那么，如何引起别人的注意呢？关键是要有自己的特色。这里所谓特色，就是你个人的风格、特点、优点、长处，那些有别于旁人的，不流于俗的东西，你尽可以大胆展现出来，定会令人眼前一亮。

5.应知难而退

在表现自我时，如果发现时机不对或者对方无兴趣，就要"三十六计，走为上策"。这时候表现要冷静，不卑不亢地表明态度，或者自己找个台阶下，给人留下明理的印象。

人生处处都有机遇，现实生活中有很多机遇都在等着你，所以大胆地表现自己很重要。希望那些还没被认识的各种人才，是珍珠就要让自己发光，从而获得机遇的垂青。

留心小事，把握机遇

　　如何抓住机遇，并没有固定的模式和准则可循，但过人的洞察力和预见能力无疑是非常重要的。平时留心周围的小事，可练就敏锐的洞察力。

　　《致富时代》杂志上，曾刊登过这样几个故事：

　　有一个自称"只要能赚钱的生意，都做"的年轻人哈特，在一次偶然的机会听人说，市民缺乏便宜的塑料袋盛垃圾。他想："这个塑料袋的生意，说不定我就能做。"于是他立即进行了市场调查，通过认真预测，认为有利可图。他开始着手行动，很快把价廉物美的塑料袋推向市场。结果，靠那条别人看来一文不值的"垃圾袋"的信息，在两星期内，哈特赚了4万美元。

　　富尔顿10岁时，和几个小朋友一起去划船钓鱼。富尔顿坐在船舷上，他的两只脚不在意地在水里来回踢着。不知什么时候，船缆松了扣，小船漂走了。富尔顿没有忽视这种生活中的小事，他发现自己的两只脚起了船桨的作用。富尔顿长大以后，经过刻苦的学习和研究，终于制造出世界上第一艘真正的轮船。

　　麦可·西姆公司原是一家仅有30多人生产雨衣的小公司，因产品滞销，公司陷入困境。一天，董事长麦可·西姆先生从人口普查材料中发现，美国每年出生的婴儿有500万，这引起他的深思：尿布这个不显眼的小产品，大企业不屑一顾，但却是婴儿的必需品，就算每个婴儿每年最低限度只用两条，一年就是一千多万条，何况还有广阔的国际市场。于是他立即转产婴儿尿布，结果产品畅销国内外。

　　现代社会是信息时代，人与人之间的竞争就是技术和信息的竞争，日常生活中可利用的信息当然不局限于气象和新闻，只要我们思路开阔，头脑灵活，善于捕捉有价值的信息，能帮助你发展事业的信息无处不在。

　　查克·豪斯是惠普公司一位聪明能干、积极努力的工程师，几年前正在研制一种新型显示监视器时，上级通知他放弃这个努力。他通过广泛调查，预见到这种显示器必然有巨大的潜力。因此，他没有理会上级的指示，继续进行这种新产品的研制，而不管上级多次要求他停止这项工作的压力。他说服他所在部门的研究与开发经理，把这种监视器投入了生产和市场。结果，惠普公司销售了17000台这种监视器，赢利3500万美元，豪斯也因"超乎工程师的正常职责范围，表现出异乎寻常的藐视上级指示"而受到重奖。

实际上，促使豪斯出人头地的主要因素是他超乎常人的预见力。如果他不能正确预见到产品畅销，则没有足够的勇气违背上级指示；如果预见和判断错误，则会受到上级的严厉指责，可能因此被炒鱿鱼。

梅隆家族是美国的超级巨富，第一次世界大战以后，它垄断了新兴的制铝工业；第二次世界大战以后，它又以石油为主要产业在美国工矿企业中雄居首位。

据美国《幸福》等杂志的统计，1970年梅隆财团控制下的企业总资产约为329亿美元，在美国八大财团中占第六位。

梅隆财团第一代创始人托马斯·梅隆则是这份家业的开拓者。梅隆家族祖祖辈辈生活在爱尔兰乡间，只有很少的土地，比较贫困。

托马斯·梅隆14岁的一天，他在种荞麦，突然，托马斯在犁过的田中发现了一本散落的《本杰明·富兰克林自传》。从这本书里，托马斯看到了像他一样的普通人，也可以富有教养、通达事理、出人头地。他后来写道："我看到了富兰克林，他比我还穷，但凭着勤奋、节俭，他终于变成了才识出众、睿智果断、富有而又闻名的人物。"从此，一种不安躁动在他心里，那就是富兰克林吸引他去思考放弃土地。

这个偶然事件给托马斯的影响贯穿其毕生，43年以后，当他最终建造起

象征他事业顶峰的银行大厦时，他没有忘记在人形山头的中央，矗立起一座富兰克林塑像。

从托马斯·梅隆身上可以看出，要把握机遇，获得灵感，还必须善于利用他人的成功经验。这不仅包括别人通过辛勤的努力所换来的结果，也包括别人努力的过程。

智者创造机遇

你可曾想过幸福而美好的人生是如何得来的吗？要是你只在等待机遇，等待人家的提拔，等待别人的帮助，你一生将永远不会发迹。

有这样一个故事：

一个年轻人靠在一块草地上，懒洋洋地晒着太阳。这时，从远处走来一个奇怪的东西，它周身发着五颜六色的光，六条腿像船桨一样向前划着，使它的行走十分快捷。

"喂！你在做什么？"那怪物问。

"我在这儿等待机会。"年轻人回答。

"等待机会？哈哈！机会什么样，你知道吗？"怪物问。

"不知道。不过，听说机会是个很神奇的东西，它只要来到你身边，那么，你就会走运，美极了。"

"你连机会什么样都不知道，还等什么机会？还是跟着我走吧，让我带着你去做几件对你有益的事吧！"那怪物说着就要来拉他。

"去去去！少来添乱，我才不跟你走呢！"年轻人不耐烦地撵那怪物。

那怪物只好一个人离去了。

这时，一位长髯老人来到年轻人面前问道："你为什么不抓住它啊？"

"抓住它？它是什么东西？"年轻人问。

"它就是机会呀！"

"天啊！我把它放走了。不，是我把它撵走了！"年轻人后悔不迭，急忙站起身呼喊机会，希望它能返回来。

"别喊了，"长髯老人说，"我告诉你关于机会的秘密吧。它是一个不可捉摸的家伙。你专心等它时，它可能迟迟不来，你不留心时，它可能就来到你面前；见不着它时，你时时想它，见着了它时，你又认不出它；如果当它从你面前走过时你抓不住它，那么它将永不回头，使你永远错过了它！"

"我这一辈子不就失去机会了吗？"年轻人哭着说。

"那也未必，"长髯老人说，"让我再告诉你另一个关于机会的秘密，其实，属于你的机会不止一个。"

"不止一个？"年轻人惊奇地问。

"对。这一个失去了，下一个还可以出现。不过，这些机会，很多不是自然走来的，而是人创造的。"

年轻人甚是不解。

"刚才的一个机会，就是我为你创造的一个，可惜你把它放跑了。"老人说。

"太好了，那么，请您再为我创造一些机会吧！"年轻人说。

"不。以后的机会，只有靠你自己创造了。"

"可惜，我不会创造机会呀。"

"现在，我教你。首先，站起来，永远不要等。然后，放开大步朝前走，见到你能够做的有益的事，就去做。那时，你就学会了创造机会。"

人不仅要能把握机会，还要能千方百计地创造机会。善于把握机会，利用机会完成创造的人是聪明的人，而在这种聪明的基础上创造机会，让机会为我所用则是更加了不起的人。

唯一能创造良机的，只有你自己。有了这种认识，才能由被动的寻找变成主动的创造，由被动的接收变成主动的拥有。依赖别人及推卸责任是庸俗和无能的表现。什么都不去做，只想依靠别人，根本没有改变的希望。人生的一切变化，都是缘于自己的创造。

善于创造机会，并张开双臂拥抱机会的人，是最有希望与成功为伍的。莎士比亚说："聪明人会抓住每一次机遇，更聪明的人会不断创造新机遇。"怎么创造机遇呢？创造机遇要有目的地、主动地去发掘或制造有利的环境，利用现有的资源，以最有效的方式，创造利益。

20世纪初美国有一家专门经销煤油及煤油炉的公司，创立伊始曾大量刊登广告，极力宣扬煤油炉的诸多好处，但收获甚微，其产品无人问津，货物大

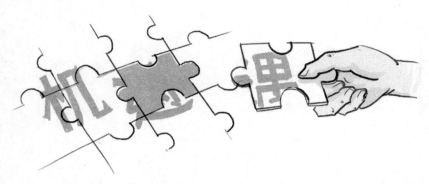

量积压，公司濒临绝境。有一天，老板突然灵机一动，招来手下职员，让他们登门向住户无偿赠送煤油炉。

住户们得到无偿赠送的煤油炉，真是大喜过望，岂有拒收之理？不久公司的煤油炉就赠送一空。当时的炉具还没有现代化，人们生火做饭只能用木柴和煤。

这时，煤油炉的优越性显现出来了，家庭主妇们一天也离不开它了。很快她们便发现煤油烧完了，这回只能自己到市场上去买。当时煤油价格并不低，但已离不开煤油炉的人们也只得掏腰包了。再后来，煤油炉也渐渐用旧了，于是只好买新的，如此循环往复，这家公司的煤油和煤油炉便畅销不衰了。

机会绝非上苍的恩赐，优秀的人不会坐等机会而是主动创造机会。一个成功人士，绝不是一个消极的观光客，而是一个积极的参与者。你应以自主的行动去面对即将在你身边短暂停留的机遇，机遇来到你身边，只有你抓住它，它才可能为你停留，并在你的人生中升值。

第 五 章

做你自己

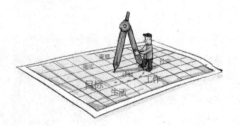

主宰自己的命运

从自身以外的因素来解释自己不幸的原因，这种态度最终不仅不会取得任何成果，而且还会导致个人的尊严、自尊心、自由的丧失。相反，如果你能完全地承担个人的责任，那么，你就能通过你所做的选择，自由地创造你的命运。

我曾见过很多女人，都表现出她们"把负变正的能力"。已故的威廉·波里索，也就是《十二个以人力胜天的人》一书的作者，曾经这样说过："生命中最重要的一件事是不要把你的收入拿来算做资本。任何一个傻子都会这样做。真正重要的事是从人的损失里去获利。这就需要有才智才行，而这一点也正是一个聪明人和一个傻子之间的区别。"

亨利曾经说过："我是命运的主人，我主宰我的心灵。"做人应该做自己的主人；应该主宰自己的命运，不能把自己交付给别人。

然而，生活中有的人却不能主宰自己。有的人把自己交付给了金钱，成为金钱的奴隶；有的人为了权利，成了权利的俘虏；有的人经不住生活中各种挫折与困难的考验，把自己交给了上帝；有的人经历一次失败后便迷失了自己，向命运低头，从此一蹶不振。一个不想改变自己命运的人，是可悲的；一个不能靠自己的能力改变命运的人，是不幸的。

哲学家蓝姆·达斯曾讲了一个真实的故事。一个因病而仅剩下数周生命的妇人，一直将所有的精力都用来思考和谈论死亡有多恐怖。

以安慰垂死之人著称的蓝姆·达斯当时便直截了当地对她说："你是不是可以不要花那么多时间去想死，而把这些时间用来活呢？"

他刚对她这么说时，那妇人觉得非常不快。但当她看出蓝姆·达斯眼中的真诚时，便慢慢地领悟到他话中的诚意。

"说得对！"她说，"我一直忙着想死，完全忘了该怎么活了。"

一个星期之后，那妇人还是过世了。她在死前充满感激地对蓝姆·达斯说："过去一个星期，我活得要比前一阵子丰富多了。"

一些无知的人都相信，一个人一生的事，是在呱呱坠地的时候已经由上天决定好了的，所以是"落地喊三

声，好歹命生成"，而跟个人的努力是完全无关的。如果上天决定了他的好命运，即使他们不去做事，像一条懒虫似的生活，他的命运也会好起来的，做事是多余的；如果他的命运不好，即使他焚膏继晷，夜以继日地苦干，也是不会获得什么好处的，上天早就决定了他一生艰苦，辛勤劳作又有什么用处呢？

所以，在这些人眼里富翁是天生的，一生下来他便是个富翁；领袖人物是天生的，他们降生时一定带点儿什么征兆；中等人是天生的，他们只落得一生温饱；强盗歹徒是天生的，他们是魔鬼的工具；一生受苦的人是天生的，他们是世人的奴隶。这就是典型的宿命论。

一个人的成功，要经过无数考验，而一个经受不住考验的人是绝对不能干出一番大事的。很多人之所以不能成就大事，关键就在于无法激发挑战命运的勇气和决心，不善于在现实中寻找答案。任何成功者无不凭借自己的努力奋斗，掌控命运之舟，在波峰浪谷中破浪扬帆。

有人说，美国银行大王摩根的手掌上有条成功线，所以他才能够成为一个"银行界的巨子"。但摩根先生却不相信这样的鬼话。他说：

"我在这十多年间，细细观察过自己的亲戚、朋友和职员的手掌，有这根成功线的，不下两千多人，但他们的境遇大部分都不太好。假如说，有成功线的人都可以获得成功的话，为什么这两千多人又是个例外呢？根据我的观察，在这两千多个有成功线而不能获得成功的人中，有500多个人是懒汉，他们懒惰得什么事也不肯动手。其中至少有三百多人是傻子，连ABC也读不出正确的读音来！至少有六百多人想奋发图强，做一点大事，但因为他们的人际关系处理得不好，或者因为他们本身根本没有学过什么专业的技

能，或者因为他们刚在这项事业开了头之后受了一点点挫折，中途就放弃了，这样，他们的事业便失败了，而一生也只能在失败中度过！总之，手掌上有成功线的人未必会获得成功，其根源主要是在于他们本身的生理缺陷、技能缺陷和心理缺陷，并不是什么冥冥的主宰使得他们成功或失败的！"

每个人都要努力做命运的主人，不能任由命运摆布自己。像莫扎特、凡·高这些历史上的名人，都是我们的榜样，他们生前都没有受到命运的公平待遇，但他们没有屈服于命运，没有向命运低头，他们向命运发起了挑战，最终战胜了命运，成了命运的主宰。

你为什么要把命运交给别人掌控呢？自己去掌舵，生命才会更精彩。著名传记作家莫洛亚写道："我研究过很多在事业上获得成功的人的传记资料，发现了一个现象，就是不管他们的出身如何，他们都有着一个共同点，即永远不向命运低头。在对命运的控制上，他们的力量比命运控制他们的力量更强大，使得命运之神瘫痪无力地向他们低头！"

找到属于你的音符

人生最大的骄傲，不是外来的掌声、名利或权势；掌声会停，名利、权势也不过是暂时的锦上添花且总会成为过眼云烟的。倒不如试着学习认识自己的潜能，对自己的言行负责，并在设定方向之后，不畏艰辛，静心、努力、不懈地追寻，一旦真的找着了最能感动自己灵魂的"那一个音符"，必得人生至乐。

俄国戏剧家斯坦尼斯拉夫斯基在排练一场话剧的时候，女主角突然因故不能演出。他实在找不到人，只好叫他的大姐来担任这个角色。他的大姐以前只是干些服装准备之类的事，现在突然演主角，由于自卑、羞怯，排练时演得很差，这引起了斯坦尼斯拉夫斯基的不满和鄙视。

一次，他突然停止排练，说："如果女主角演得还是这样差劲，就不要再往下排了！"这时，全场寂然，受屈辱的大姐久久没说话。突然，她抬起头来，一扫过去的自卑、羞怯、拘谨，演得非常自信、真实。

斯坦尼斯拉夫斯基用《一个偶然发现的天才》为题记叙了这件事，他说："从那以后，我们有了一个新的大艺术家……"

试想，如果不是原来的女主角因故不能演出，如果斯坦尼斯拉夫斯基不叫他大姐试一试，如果不是他大发雷霆，使他的大姐受到刺激这些偶然因素，一位戏剧表演家就一定会被埋没了。

科学的门类不同，需要的素质与才能也不同。比如，做一个杰出的临床医生，必须具有很好的记忆力；研究理论物理学，抽象思维能力必不可少；一个数学家没有必要一定具备实际操作、设计和做实验的能力，虽然这种能力对于一个化学研究者来说是必不可少的；而天文学是一门观察科学，需要很好的观察能力，浓厚的兴趣和长久的毅力。

人的兴趣、才能、素质也是不同的。如果你不了解这一点，没能把自己的所长利用起来，你所从事的行业需要的素质和才能正是你所缺乏的，那么，你将会自我埋没。反之，如果你有自知之明，善于自我设计，从事你最擅长的工作，你就会获得成功。

这方面的例子实在是太多了：

阿西莫夫是一个科普作家，同时也对自然科学颇有研究。一天上午，他坐在打字机前打字的时候，突然意识到："我不能成为一个第一流的科学家，却能够成为一个第一流的科普作家。"于是，他几乎把全部精力放在科普创作上，终于成了当代最著名的科普作家。

伦琴原来学的是工程科学，但他在老师孔特的影响下，做了一些物理实验，逐渐体会到，这才是最适合自己干的行业，后来果然成了一个有成就的物理学家。

一些遗传学家经过研究认为：人的正常的、中等的智力由一对基因所决定。另外还有五对次要的修饰基因，它们决定着人的特殊天赋，起着降低或提高智力水平的作用。一般来说，人的这五对次要基因总有一两对是"好"的。也就是说，一般人总有可能在某些特定的方面具有良好的天赋与素质。

汤姆逊由于有一双"笨拙的手"，在处理实验工具方面感到很烦恼，因此他的早年研究工作偏重于理论物理，较少涉及实验物理，并且他找了一位在做实验及处理实验故障方面有惊人能力的年轻助手，这样他就避免了自己的缺陷，发挥了自己的特长。

珍妮·古道尔清楚地知道，她并没有过人的才智，但在研究野生动物方面，她有超人的毅力、浓厚的兴趣，而这正是干这一行所需要的。所以她没有去攻数学、物理学，而是到非洲的原始雨林里考察黑猩猩，终于成了一个有成就的科学家。

所以，每一个人都应该努力根据自己的特长来设计自己的目标，量力而行。根据环境、条件，自己的才能、素质、兴趣等，确定进攻方向。不要埋怨环境与条件，应努力寻找有利条件；不能坐等机会，要自己创造条件。从事科学研究的人不仅要善于观察世界，善于观察事物，也要了解自己，挖掘自己的潜能，拨动自己特有的音符。

读懂生命，编织生命的精彩

只有当一个人正确地认识到生命的价值，并且努力地去实现它，才能够战胜生命的阻碍和磨难，获得令人瞩目的成就。只有正确认识到生命的意义和价值，才能够实现生命的精彩。

丹麦人芬生没有辜负他来到人世间的43年。在托尔斯豪思学校读书时，校长的评语："芬生是个可爱的孩子，但天资低，颇为无能。"中学毕业，他爱上了一位渔家姑娘。正当他做着迷人的幻梦时，他染上了可怕的胞虫囊病，心爱的姑娘离他而去。

失恋和疾病引起的屈辱使他下决心开始重新规划自己的人生。他写下座右铭："你一天到晚心烦意乱，必定一事无成。你既然期望辉煌伟大的一生，那么就应该从今天起，以毫不动摇的决心和坚定不移的信念，凭自己的智慧和毅力，去创造你和人类的快乐，只有这样，你生命才能焕发青春。"

后来，芬生考进了哥本哈根大学医学院，并发誓不学成才绝不回家。毕业后，他毅然辞去了母校的工作，放弃了优厚的薪俸，把毕生精力都集中在医学研究上，并按照着自己的人生设计从事了一项造福人类的宏伟事业——研究用光线治病。1893年，芬生发现红外线能治疗天花。1895年，芬生又发现紫外线能治疗狼疮。1903年12月10日，瑞典斯德哥尔摩第三次举行诺贝尔奖授奖庆典。芬生终于以他"用光线治病"这一医学史上的卓越贡献获得了诺贝尔奖。

生命的宝贵不只在于它只有一次，而且还在于它完全可以由我们自己设计。每个人都是自己生命的设计师，可以靠自己选择和行动来实现自己生命的精彩。

有一位父亲，在他很小的时候父母就去世了，他成了一名孤儿，孤苦伶仃，一无所有，流浪街头，受尽磨难。最后终于创下了一份不菲的家业，而他自己也已经到了人生暮年，该考虑辞世后的安排了。

这位父亲有两个儿子，他们都很能干，人品也不错。几乎所有的人包括他自己，都认为应该把财产一分为二，平分给两个儿子。但是，在最后一刻，他改变了主意。

他把两个儿子叫到床前，从枕头底下拿出一把钥匙，抬起头，缓慢而清楚地说道："我一生所赚得的财富，都锁在这把钥匙能打开的箱子里。可是现在，我只能把这把钥匙给你们兄弟二人中的一人。"

兄弟俩惊讶地看着父亲，几乎异口同声地问道："为什么？这太残忍了！"

"是，是有些

残忍，但这也是一种善良。"父亲停了一下，又继续说道："现在，我让你们自己选择。选择这把钥匙的人，必须承担起家庭的责任，按照我的意愿和方式，去经营和管理这些财富。拒绝这把钥匙的人，不必承担任何责任，生命完全属于你自己，你可以按照自己的意愿和方式，去赚取我箱子以外的财富。"

兄弟俩听完，心里开始动摇。接过这把钥匙，可以保证你一生没有苦难，没有风险，但也因此而被束缚，失去自由。拒绝它？毕竟箱子里的财富是有限的，外面的世界更精彩，那样的人生充满不测，前途未卜，万一……

父亲早已猜出兄弟俩的心思，他微微一笑："不错，每一种选择都不是最好，有快乐，也有痛苦，这就是人生，你不可能把快乐集中，把痛苦消散，最重要的是要了解自己，你想要什么？要过程，还是要结果？"兄弟俩豁然开朗。哥哥说："弟弟，我要这把钥匙，如果你同意的话。"弟弟微笑着对哥哥说："当然可以，但是你必须答应我，好好管理父亲的基业，如果你答应我的话，我就可以放心去闯荡了。"二人权衡利弊，最终各取所需。这样的结局，与父亲先前的预料不谋而合，因为这时候最了解儿子的莫过于看着他们长大的父亲。

二十多年过去了，兄弟俩经历、境遇迥然不同。哥哥虽然生活舒适安逸，但是并没有沉沦，把家业管理得井井有条，性格也变得越来越温和儒雅，特别是到了人生暮年，与去世的父亲越来越像，只是少了些锐利和坚韧。弟弟生活艰辛动荡，几起几伏，受尽磨难，性格也变得刚毅果断。与二十年前相比，相差很大。最苦最难的时候，他也曾后悔过，怨恨过，但已经选择了，已经没有退路，只能一往无前，坚定不移地往前走。经历了人生的起伏跌宕，他最终创下了一份属于自己的事业。这个时候，他才真正理解父亲，并深深地感谢父亲。

每个人的生命都掌握在自己手中。你可以选择平凡，也可以选择挑战，但无论过哪一种生活，都应当对自己的生命负责，充分发挥自己生命的潜能与价值。因此我们要摆正好自己的心态，对自己的生命负责，走好人生的每一步，用自己的努力让我们的人生永放光彩。

找到自己成功的坐标

自我定位是决定人们各自行为方式的重要因素。每个人，无论是聪明或愚蠢，贤良或奸诈，都不会去做一件在当时他认为与自己的身份、年龄、性别、能力以及他本身任何一方面不相宜的事情。就像穿衣服，你会选择和自己年龄、职业相称的服装，讲话时会选择和自己身份相称的词句，甚至外出吃饭也会选择与自己的经济能力相称的场所。

自我定位

总而言之，每个人都会依照对自己的认知和定位，来决定哪些事可以做，哪些不可以做，或是该怎样去做好一件事情。有一则英国寓言说：

有一天，一个国王独自到花园里散步，使他万分诧异的是，花园里所有的花草树木都枯萎了，园中一片荒凉。后来国王了解到，橡树由于没有松树那么高大挺拔，因此轻生厌世死了；松树又因自己不能像葡萄那样结许多果子，也死了；葡萄哀叹自己终日匍匐在架上，不能直立，不能像桃树那样开出美丽可爱的花朵，于是也死了；牵牛花也病倒了，因为它叹息自己没有紫丁香那样芬芳；其余的植物也都垂头丧气，没精打采，只有顶细小的心安草在茂盛地生长。

国王问道："小小的心安草啊，别的植物全都枯萎了，为什么你这小草这么勇敢乐观，毫不沮丧呢？"

小草回答说："国王啊，我一点也不灰心失望，因为我知道，如果国王您想要一棵橡树，或者一棵松树、一丛葡萄、一株桃树、一株牵牛花、一棵紫丁香等，您就会叫园丁把它们种上，而我知道您希望于我的就是要我安心做小小的心安草。"

当一个人读懂了人生定位的意义时，他至少成功了一半。有了自己的生活方式、思考方式，便不会在别人的思想中无所适从；有了自己明确的人生定位，便不会在意别人挑剔的目光。不同的人有不同的生活方式，你没有必要努力达到他人口中所谓的标准。

别人的人生与自己的人生，自然是不同的。自己的人生，掌握在自己的手中，是"传奇的辉煌"还是"人生的悲剧"，全在于自己的定位，若能专心致力于自己的生活，一定会达到期望的效果。如果一个人能够发现自己和别人在学习、生活方式方面的差异，发现自己的长处，让自己有机会依照自己擅长的方式获取知识和技能，那他就不至于在学习上遭遇痛苦或不必要的失败经历。

一个年轻人在逛集市的时候，看见一位老人摆了个捞鱼的摊子，他向有意者提供渔网，捞起来的鱼归捞鱼人所有。这个年轻人一时童心大发，蹲下去捞起鱼来，他一连捞碎了三张网，一条小鱼也未捞到，见老人眯着眼看自己，心中似乎暗自窃笑，他便不耐烦地说："老板，你这网子做得太薄了，几乎一碰到水就破了，那些鱼又怎么捞得起来呢？"

老人回答说："年轻人，看你也是念过书的人，怎么也不懂呢？当你心中生出意念想捞起你认为最美的鱼时，你打量过你手中所握的渔网是否真有那能耐吗？追求不是件坏事，但是要懂得了解你自己呀！"

"可是我还是觉得你的网太薄，根本捞不起鱼。"

"年轻人，你还不懂得捞鱼的哲学吧！这和众人所追求的事业、爱情、金钱都是一样的。当你沉迷于眼前目标之际，你衡量过自己的实力吗？"

目标越大，得失越大，挫折感也就越大，人生之苦不都是这样吗？也许我们该放弃那些大而美丽的目标，选择伸手可及的目标。人应该务实一点，企望着遥不可及的事物，不如把宏大的计划分成几部分，从容易的着手，一步步达到自己的目的。

人生最大的难题莫过于认识你自己。许多人认为自己没有出息，不会有出人头地的机会，理由是"生来比别人笨"，"没有高等文凭"，"没有好的运气"，"缺乏可依赖的社会关系"，"没有资金"等。而要获得成功就必须正确认识自己，坚信"天生我材必有用"。

爱默生在散文《自持》中如是说：

　　每个人在受教育的过程当中，都会有段时间确信：嫉妒是愚昧的，模仿只会毁了自己；每个人的好与坏，都是自身的一部分；纵使宇宙间充满了好东西，不努力你什么也得不到；你内在的力量是独一无二的，但是除非你真的去做，否则连你自己也不知道自己真的能做什么。

　　另外，道格拉斯·玛拉赫也用一首诗表达了他对"定位"的深刻理解：

　　如果你不能成为山顶上的高松，那就当一棵山乡里的小树——但要当棵溪边最好的小树。

　　如果你不能成为一棵大树，那就当一丛小灌木。

　　如果你不能当一丛小灌木，那就当一片小草地。

　　如果你不能是一只麝香鹿，那就当尾小鲈鱼——但要当湖里最活泼的小鲈鱼。

　　我们不能全是船长，必须有人也当水手。

　　这里有许多事让我们去做，有大事，有小事，但最重要的是我们身旁的事。

　　如果你不能成为大道，那就当一条小路。

　　如果你不能成为太阳，那就当一颗星儿。

　　决定成败的不是你尺寸的大小——而在于做一个最好的你。

　　金无足赤，人无完人。但是每一个来到这个世界上的人都有一个属于他自己的位置，即人生坐标，谁在最短的时间内找到了自己的人生坐标，谁就取得了达到成功的优先权。

　　积极而正确的评价可以给一个人巨大的前进动力，消极的评价则往往会使人失去奋斗的勇气和生活的乐趣。因此每一个人都要尽可能地把最好的一面挖掘出来。明确定位，做最真实的自己。我们只有做好自己，才能更好地发展和完善自己，才能更好地激励自己和他人。

第 六 章

拥有宇宙般强大的内心能量

保持平衡心态的N个要诀

科学研究发现，人类65%～90%的疾病与心理的压抑感有关。紧张、愤怒和敌意等不良情绪使人易患高血压、动脉硬化、冠心病、消化性溃疡、月经不调等，而且破坏人体免疫功能，加速人体衰老过程。联合国国际劳动组织发表的一份调查报告也认为，"心理压抑是20世纪最严重的健康问题之一"。现代生活中如何保持心理平衡，这是人们共同关心的问题。美国心理卫生学会提出了保持心理平衡的一些要诀，值得我们借鉴。

（1）对自己不苛求。我们每个人都有自己的抱负，有些人把自己的抱负目标定得太高，根本实现不了，于是终日抑郁不欢，这实际上是自寻烦恼；有些人对自己所做的事情要求十全十美，有时近乎苛刻，往往因为小的瑕疵而自责，结果受害者还是自己。为了避免挫折感，应该把目标和要求定在自己能力范围之内，懂得欣赏自己已取得的成就，心情就会自然舒畅。

（2）适时放弃。我们在生活中，时刻都在取与舍中选择，我们又总是渴望着取，渴望着占有，常常忽略了舍，忽略了占有的反面：放弃。懂得了放弃的真意，也就理解了"失之东隅，收之桑榆"的妙谛。

（3）学会自嘲。自嘲是一种特殊的人生态度，它带有强烈的个性化色

彩。自嘲作为生活的一种艺术，它具有干预生活和调整自己的功能。它不但能给人增添快乐，减少烦恼，还能帮助人更清楚地认识真实的自己，战胜自卑的心态，应付他人的评价带来的压力，摆脱心中种种失落和不平衡，获得精神上的满足和成功。

（4）多舍少求。俗话说"知足者常乐"，老是抱怨自己吃亏的人，的确很难愉快起来。多奉献少索取的人，总是心胸坦荡，笑口常开。整天与别人计较工资、奖金、提成、隐性收入的人心理怎么会平衡？只有听之任之，给多少也不在意的人心情才比较稳定。

（5）对亲人期望不要过高。妻子盼望丈夫飞黄腾达，父母希望儿女成龙成凤，这似乎是人之常情。然而，当对方不能满足自己的期望时，便大失所望。其实，每个人都有自己的生活道路，何必要求别人迎合自己？

（6）暂离困境。在现实中，受到挫折时，应该暂将烦恼放下，去做你喜欢做的事，如运动、打球、读书、欣赏等，待心境平和后，再重新面对自己的难题，思考解决的办法。

（7）当机立断。悬而未决的事情绝不会自行解决，相反只能让人更多地处于不安状态，所以在遇到悬而未决的事情时，要学会当机立断。

（8）寻找港湾。你需要一间自己的房间。房间不要堆得太满，四周放些自己喜爱的东西，如一张对你很重要的画，一束香气四溢的花，每天到这里放松一次。

（9）时刻保持一种积极思维。你是自己命运的创造者，推卸责任不仅毫无用处，而且还会削弱自信，必须停止自己是牺牲品的想法。

（10）减少刺激。不需要知道一切，相信已得到自己需要的信息；也不必参加肤浅的谈话，只需对与自己有关和感兴趣的问题发表看法。

（11）每天沉思。沉思能带来力量和心灵的平静，每次至少有十分钟不被打扰，最好是没有任何依靠，背挺直坐着，闭眼、深呼吸。

（12）寻找自信。你是有才能的，只是很少得到欣赏，也可能连自己也低估了你的长处和才能，但你必须将至少一种能力变为业余爱好，如书法、绘画等。

（13）自我发泄。你有权发火，被压下的怒气往往使人变得抑郁、消沉和听天由命，自我发泄可以减轻你的内心压抑感。

（14）享受生活。每天享受一些好的东西，在别人欣赏你的同时，你也会越来越自我欣赏。

（15）回归自然。自然能使人获得安慰和解脱。

（16）献出爱心。在对他人做了友爱的举动时，也就是为自己内心的心理平衡做事情。

（17）适当让步。处理工作和生活中的一些问题，只要大前提不受影响，在非原则问题方面无须过分坚持，以减少自己的烦恼。

（18）对人表示善意。生活中被人排斥常常是因为别人有戒心。如果在适当的时候表示自己的善意，诚挚地谈谈友情，伸出友谊之手，自然就会朋友多，隔阂少，心境自然会变得平静。

（19）找人倾诉烦恼。生活中的烦恼是常事，把所有的烦恼都闷在心里，只会令人抑郁苦闷，有害身心健康。如果把内心的烦恼向知己好友倾诉，心情会顿感舒畅。

（20）帮助别人做事。助人为快乐之本，帮助别人不仅可使自己忘却烦恼，而且可以表现自己存在的价值，更可以获得珍贵的友谊和快乐。

（21）积极娱乐。生活中适当娱乐，不但能调节情绪，舒缓压力，还能增长新的知识和乐趣。

任何一位成大事者在厄运来临的时候，总是保持一种平衡的心态，不会因为前面的路被堵死，而无计可施。因为成大事者深信自己的力量能战胜一切不幸，前面的路堵死，他会积蓄全部的力量，努力寻找另外一条路。

学会心理调控

心理调适就是为你的情绪确定方向。人的一生不可能总是一帆风顺的，在遇到挫折和失败时，适当的心理调控可以帮助我们战胜一切挫折和失败。

杰克逊是一位犹太裔心理学家，第二次世界大战期间，他和全家人都被关押在纳粹集中营里，而且受尽了折磨。没多久，家人不堪忍受纳粹的残酷折磨纷纷离他而去，只留下一个妹妹，两个人相依为命。当时，他的处境也十分艰难，随时面临死亡的威胁。

刚开始的时候他痛苦不堪难以忍受。后来有一天，他忽然悟出了一个道理：就客观环境而言，我受制于人，没有任何自由；可是，我的自我意识是独立的，我可以自由地决定外界刺激对自己的影响程度。

他认为自己完全有选择如何做出反应的自由与能力。

于是，他靠着各种各样的记忆、想象与期盼不断地充实自己的生活和心灵，不断磨炼自己的意志，让自由的心灵超越了纳粹的禁锢，看到生命的希望。他的这种行为和手段也影响了其他狱友，他们之间相互鼓励，一直到战争结束，最后终于重见天日。

杰克逊后来这样写道：每个人都有自己的特殊工作和使命，他人是无法取代的。生命只有一次，不可重复。所以，实现人生目标的机会也只有一次……归根到底，其实不是你询问生命的意义何在，而是生命正在向你提出质疑，它要求你回答：你存在的意义何在？你只有对自己的生命负责，才能理直气壮地回答这一问题。

在杰克逊生命中最痛苦、最危难的时刻，在杰克逊精神行将崩溃的临界点，他靠自己的顿悟，不仅挽救了他自己，而且还挽救了许多患难与共的生命。其关键在于他能通过成功的心理调控，战胜自我，战胜环境，安然渡过心理危机。

在日常生活中，当你面临困境时，学会心理调控至关重要。冷静地处理心理压力不是难事，那些在绝境中不惊不慌，保持冷静的人并非天生就有这份能耐，他们也都是在生活中逐渐学会的。每一个人也可从中学到减轻压力的自我心理调节方法。

1.找到控制压力反应的方法

生活中的压力可能并非来源于所陷入的生活困境，而是来源于我们对这些生活经历所采取的反应。你无法控制生活降临于你头上的打击，但你却能控制自己对待这一打击的态度。所以，在面临心理压力时，你一定要做到：不要让压力占据你的头脑。保持乐观是控制心理压力的关键，我们应将挫折视为鞭策我们前进的动力，不要养成消极的思考习惯，遇事要多往好处想，洞察你自己的心声。许多人对一些情形已形成条件反射，不假思索就做出反应。我们应多聆听自己的心声，给自己留一点时间，平心静气地想一想，努力在消极情绪中加入一些积极的思考。

2.尝试创造一种内心的平衡感

心理学家认为，保持冷静是防止心理失控的最佳方法。而每天早或晚进行20分钟的盘腿静坐或自我放松术，则能创造一种内心平衡感。这种屏除杂念的静坐冥想能降低血压，减少焦虑感。有一项研究表明，过度焦虑烦躁的人每天花10分钟静坐，集中注意数心跳，使自己心跳逐渐变缓慢。10个星期后，他们的心理紧张均有一定程度的减轻。此外，按摩对减轻压力感也非常有效。

3.懂得平衡你的生活

生活中，经常听见许多人抱怨时间老是不够用，事情也老干不完。这种焦虑和受压感对许多人来说已成为他们生活的一部分。那些为工作或生活疲于奔命的人，并不懂得生活的真正含义。要平衡自己的生活应尝试换个角度想问题，抽空去想一想或回味一下那些令自己快乐的事情。你为琐事而紧张不安、忧心忡忡是无济于事的，你应想个办法来解决这一问题。一个行之有效的方法是把一切都写下来。每天早起10分钟，把自己的感受写满3页16开的纸，事后不要修改，也无须再重读。过一段时间当你把自己的烦恼都表达出来之后，你会发现自己的头脑清楚了，也能更好地处理这些问题了。这种自我交谈的方法能帮助你解决许多问题。

其实，在我们走向成功的道路上，也会面临大大小小的心理压力，我们都应该通过成功的心理调控去掌握自我，战胜自我，迎接前面更为绚丽的风景，让人生处处充满阳光。

拥有乐观心态的13种方法

具有乐观、豁达性格的人，无论在什么时候，他们都感到光明、美丽和快乐的生活就在身边。他们眼睛里流露出来的光彩使整个世界都溢彩流光。

具有乐观心态的人，他们的特点是把眼光盯在未来的希望上，把烦恼抛在脑后。培养乐观、豁达的性格，将会对你终生有益，那么，乐观心态该如何培养呢？

1.凡事朝好的方向想

有时，人们变得焦躁不安是由于碰到自己所无法控制的局面。此时，你应承认现实，然后设法创造条件，使之向着有利的方向转化。此外，还可以把思路转身别的什么事上，诸如回忆一段令人愉快的往事。

2.不要太挑剔

大凡乐观的人往往是"憨厚"的人，而愁容满面的人，又总是那些不够宽容的人。他们看不惯社会上的一切，希望人世间的一切都符合自己的理想模式，这才感到顺心。

挑剔的人常给自己戴上是非分明的桂冠，其实是在消极地干涉他人。怨恨、挑剔、干涉是心理软弱、"老化"的表现。

3.学会适度屈服

当你遇到重创时，往往变得浮躁、悲观。但是，浮躁、悲观是无济于事的。你不如冷静地承认发生的一切，放弃生活中已成为你负担的东西，终止不能取得的活动希望，并重新设计新的生活。大丈夫能屈能伸，只要不是原则问题，不必过分固执。

4.学会体悟自己的幸福

有些想不开的人，在烦恼袭来时，总觉得自己是天底下最不幸的人，谁都比自己强。其实，事情并不真的是这样，也许你在某方面是不幸的，在其他方面依然是很幸运的。如上帝把某人塑造成矮子，但却给他一个十分聪颖的大脑。请记住一句风趣的话："我在遇到没有双足的人之前，一直为自己没有鞋而感到不幸。"生活就是这样捉弄人，但又充满着幽默，想到这些，你也许会感到轻松和愉快。

5.要保持一颗快乐的心

快乐的人身边总是不乏家人和朋友，他们不关心自己是否能跟得上富有的邻居的脚步。最重要的是，他们有一颗快乐的心。正如《真正的快乐》一书的作者塞利格曼所说，快乐的人很少感到孤单。他们追求个人成长和与别人建立亲密关系；他们以自己的标准来衡量自己，从来不管别人做什么或拥有什么。快乐的人以家人、朋友为中心，而那些不快乐的人在生活中，时不时地冷落了这些人，在这个时候他们就会倍感孤单。

6.学会微笑

微笑是世界上最美的表情。面对一个微笑着的人，你会感到他的自信、友好，同时这种自信和友好也会感染你，使你油然而生出友好来，使你和对方亲切起来。正如英国谚语所说："一副好的面孔就是一封介绍信。"微笑，将为你打开通向友谊之门，发展良好的人际关系，建立乐观的心态。

7.将情绪低沉的想法甩到一边

如果你因出现情况而无法做什么事，不必和他人商议，以免使你更痛苦。当低沉的情绪一进入你的脑内时，立即想其他的事。

8.拥有一个感激的心情

感激的心情与乐观心态也有很大关系。心理学研究显示，把自己感激的事物说出来和写出来能够扩大一个成年人的快乐。感激自己健康地活着，感激自己是自由的，感激自己还有一个美好的未来，感激过去他人赠予你的一切。

9.与乐观者为伍

尽可能选择具有积极氛围的环境，选择积极乐观的朋友。避免受到不良情绪的感染，是保持乐观心态的一个重要方法。

10.学会释然

有些问题根本没有解决办法，因此你必须让它按自身的方式发展。思想控制情感，因此，如果你设想烦恼消失了，实际上你就会感到豁然开朗，坏心情随之一扫而光。

11.甩掉肩上的包袱

工作过多而感到不胜负荷可能是郁闷心情产生的根源。最好的解决办法就是尽量减少工作表上的内容，到环境幽雅的地方解决晚餐，让家里人自己洗衣服（你只要花上5分钟时间告诉他们怎样操作就够了）。用5分钟时间把该做的事情列个清单，这样你就会感到一切尽在掌握之中。

12.回忆你的幸福时光

记住，当邻居羡慕你培养孩子的方式时，你感到多么高兴；当你的老板征求你的意见时，你有多么骄傲。记下别人对你的赞美和你取得的成绩，当你需要肯定自己是多么优秀时，花5分钟时间回忆一下。

13.大声宣布：今天是我的日子

列出五件你喜欢但很少做的事，例如：买件漂亮的衣服，洗一个澡，看场好电影，听优美的音乐，选本喜欢的书，坐在麦当劳里喝着咖啡听着音乐，累时偶尔抬头欣赏来来往往的人群。

乐观是一种积极的人生态度。拥有乐观心态的人对任何人或事总是抱着乐观的态度，即使遇上困难和挫折，他也会认为这是一件好事，这样的人生当然常常会有意外的惊喜。

如何培养积极的心态

每个人都处在一定的环境之中，长期以来，我们已习惯于认为是环境制约了我们。其实，真正制约我们的并非环境，而是我们的心态。在通往成功的路上，能否有一个良好的心态，直接影响着你最终能否摘取成功的桂冠。

心态一般可分为积极心态和消极心态。积极心态能发挥潜能，能吸引财富、成功、快乐和健康；消极心态则排斥这些东西，夺走生活中的一切，使人终身陷在谷底，即使爬到了巅峰，也会被它拖下来。

积极心态的特点是信心、希望、诚实、爱心和踏实，消极心态的特点是悲观、失望、自卑、虚伪和欺骗。那么，该如何培养自己的积极心态呢？我们不妨从以下几个方面做起：

1.明确自己的目标

希望、愿望、欲望与预期目标的差别是迥异的，只有用积极的心态才能使这四者转化为最后的现实。这就要使自己有清晰辨别这四者的能力，这是养成积极心态的第一步，也是必须弄清的准备工作。记住，你的心态是你——而且只有你——唯一能完全掌握的东西。

2.让自己积极地行动起来

许多人总是等到自己有了一种积极的感受再去付诸行动，这些人在本末倒置。积极行动会导致积极思维，而积极思维会导致积极的人生心态。心态是紧跟行动的，如果一个人从一种消极的心态开始，等待着感觉把自己带向行动，那他就永远成不了他想成为的积极心态者。

3.在点滴生活中培养自己的积极心态

不需要看早上的电视新闻，你只要瞄一眼权威性报纸的头版新闻就够了，它足以让你知道将会影响自己生活的国际或国内新闻。看看与你的职业及家庭生活有关的当地新闻，不要向诱惑屈服，而浪费时间去看别人悲惨故事的详细新闻。在开车上学或上班途中，可听听电台的音乐或自己的音乐带。如果可能的话，和一位积极心态者共进早餐或午餐。晚上不要坐在电视机前，要把时间用来和你所爱的人聊聊天。

4.具有正确的判断力

建立适合你的生活方式，别浪费时间以免落于他人之后。除非有人愿意

以足够的证据，证明他的建议具有一定的可靠性，否则别轻易被他人所影响，因为你可能会因一时大意而被误导，或被当成傻瓜。另外，对于善意的批评应采取接受的态度，而不应采取消极的反应。接受并学习他人对你行为方式的客观评价，利用这些评价做一番反省，并找出应该改善的地方。别害怕批评，你应该勇敢地面对它。

5.学会感恩，付出真爱

试着在每一个日子祈祷，无论晴天碧日或是雨雪纷飞。感谢你已拥有的生活，因为在这个世界上，并不是人人都可以达到这种水平，很多人还在为生存而挣

扎。感恩，还意味着要有爱心和包容心。试着和你曾经不合的人联络，并向他致上最诚挚的歉意。这项任务愈困难，就愈值得去做，因为它可以使你摆脱掉内心的消极心态。你应承认："爱"是医治生理和心理疾病的最佳药物。爱会改变你体内的化学元素，以使它们有助于你表现出积极心态，爱也会扩展你的包容力。享受爱的最好方法就是付出你自己的爱。

6.把"不可能"从你的字典里去掉

首先你要认为你能，然后去尝试、再尝试，最后你发现你确实能。所以，把"不可能"从你的字典里去掉，把你心中的这个观念铲除掉。谈话中不提它，想法中排除它，态度中去掉它，抛弃它，不再为它提供理由，不再为它寻找借口，用"可能"代替它。

7.把自己看成成功者

当我们开始运用积极的心态并把自己看成成功者时，我们就开始成功了。但我们绝不能仅仅因为播下了几粒积极乐观的种子，然后指望不劳而获，我们必须不断给这些种子浇水，给幼苗培土施肥，才会收获成功的人生。

这些培养积极心态的方法，你可以都试一试。也许你日后的成功就得益于其中的某个方法。

调整心态，改变未来

现代社会弥漫着一股"浮躁"的气息，"浮躁"几乎成了现代人的一种"通病"。染上它，我们常常坐卧不宁，心不在焉，浅尝辄止，身心俱惫……当我们处于这种心态的时候，我们的气场也多半处于紊乱状态，无法释放我们的正面能量。

内心能量是真实反映人内心深处、意识深层的能量场，与我们的心态密切相关。同一个人在不同的时刻，因为思想、性情、情绪的不同，会有不同的心态。不同的心态也表现出截然不同的气场——或强或弱，或和谐或紊乱等等。可以毫不夸张地说，人们可以通过改变自己的心态来改变内心能量，进而改变生活和命运。

那么，我们该如何调整心态，开启动力气场呢？

你要知道，获得强大的内心能量有两个重要的前提：一是坚决，二是忍耐。意志坚决而又懂得忍耐的人也会遇到艰难，碰到困苦、挫折，但他绝不会一蹶不振。只有这种心态才能带来超强的气场动力。

电影巨星席维斯·史泰龙曾经非常落魄，身上只剩一百美金，连房子都租不起。那时候的史泰龙立志当一名演员，他自信满满地到纽约的电影公司应

征。因外貌平平及咬字不清，史泰龙总是遭到拒绝……纽约五百家电影公司都拒绝了他之后，史泰龙依然在坚持。不同的是，这次他开始写剧本。不过，这次也并不容易，他的剧本遭遇了1854次拒绝！但是，史泰龙还再次出发了！在被拒绝了1855次之后，终于找到一个愿意接这个剧本的公司！但对方却不同意他在电影中演出。史泰龙答应了，他继续坚持，等待机会。

坚持不懈的史泰龙终于成了超级巨星！韧性是人们在极其艰苦的精神和肉体的压力下仍然能够保持热情的精神，坚韧是一种永不退缩、不达目的誓不罢休的王者精神。拥有这种精神，你的气场就有永远也使不完的动力来源，它会伴你走向成功之路。只要你确定人生的目标，专注于你的目标，那么你所有的思想、行动及意念都会朝着那个方向前进。

美国科学家曾通过研究发现，一个人一生的能量全部收集起来换算成电能，可以照亮北美大陆一个星期，如果用金钱去衡量，相当于数百亿美金。不要忘了，你是世界的主人，你可以想到更多的办法调整心态，让你的气场爆发。

此刻的你，不妨仔细思考一下：你现在的人生处于什么样的位置？你的心态处于什么样的状态？境遇并不能决定我们的命运的，调整心态，你就能改变未来！赶快调动你内心的强大能量，引发你的心态革命吧！

适应一切无法改变的

　　荷兰阿姆斯特丹有一座15世纪的教堂遗址，上面的题词令人终生难忘："事必如此，别无选择。"这几个字令人心痛，却又是人不得不承认的真实处境。

　　在人的一生中，总是有一些事情，虽非心甘情愿，却也无可奈何。正如每一条所走过来的路径都有它不得不这样跋涉的理由一样，每一条要走上去的前途也都有它不得不那样选择的方向。逆来顺受是一种无奈，却也是人生的必修课。

　　生活中总是充满了不可捉摸的变数，如果它给我们带来了快乐，当然是很好的，我们也很容易接受。但事情却往往并非如此，有时，它带给我们的会是可怕的灾难，这时如果我们不能学会接受它，而让灾难主宰了我们的心灵，那我们生活就会永远地失去阳光。

　　心理学家威廉·詹姆士曾说："心甘情愿地接受吧！接受现实是克服任何不幸的第一步。"

　　汉斯小时候曾和几个小伙伴在密苏里州的老木屋顶上玩，他们爬下屋顶时，在窗沿上歇了一会，然后跳了下来。汉斯的左食指戴着一枚戒指，往下跳时，戒指钩在钉子上，扯断了他的手指。

汉斯尖声大叫，非常惊恐，他想他可能会死掉。但等到手指的伤好后，汉斯就再也没为它操过一点心。有什么用呢？他已经接受了不可改变的生活现实。

后来汉斯几乎忘了他的左手缺了一根手指。

有一次，汉斯在纽约市中心的一座办公大楼的电梯里，遇到一位男士，汉斯注意到他的左臂由腕骨处切除了。汉斯问他这是否会令他烦恼，他说："噢！我已很少想起它了。我还未婚，所以只有在穿针引线时觉得不便。"

我们每个人迟早要学会这个道理，那就是我们只有接受并适应不可改变的现实。"事必如此，别无选择"，这并非容易的课程。即使贵为一国之君也应该经常提醒自己。英王乔治五世就在白金宫的图书室里挂着这句话："请教导我不要凭空妄想，或作无谓的怨叹。"哲学家叔本华曾表达过相同的想法："接受现实是人生的必修课程。"

显然，环境不能决定我们是否快乐，我们对事情的反应反而决定了我们的心情。耶稣曾说："天堂在你心内，当然地狱也在。"

我们都能渡过灾难与悲剧，并且战胜它。也许我们察觉不到，但是我们内心都会有更强的力量帮助我们渡过。我们都比自己想象的更坚强。

已故的美国小说家塔金顿常说："我可以忍受一切变故，除了失明，我绝不能忍受失明。"可是在他60岁的某一天，当他看着地毯时，却发现地毯的颜色渐渐模糊，他看不出图案。他去看医生，了解到残酷的事实：他即将失明。有一只眼差不多全瞎了，另一只也将接近失明，他最恐惧的事终于发生了。

塔金顿对这最大的灾难如何反应呢？他是否觉得："完了，我的人生完了！"完全不是，令他惊讶的是，他还蛮愉快的，他甚至发挥了他的幽默感。这些浮游的斑点阻挡他的视力，当大斑点晃过他的视野时，他会说："嗨！又是这个大家伙，不知道他今早要到哪儿去！"完全失明后，塔金顿说："我现在已接受了这个现实，也可以面对任何状况。"

为了恢复视力，塔金顿在一年内得接受12次以上的手术。他放弃了私人病房，而和大家一起住在大众病房，想办法让大家高兴一点。当他必须再次接受手术时，他提醒自己是何等幸运："多奇妙啊，科学已进步到连人眼如此精细的器官都能动手术了。"

　　平凡人如果必须接受12次以上的眼部手术，并忍受失明之苦，可能早就崩溃了。塔金顿却说："我不愿用快乐的经验来替换这次的体会。"他因此学会了接受，并相信人生没有任何事会超过他的容忍力。面对不可避免的现实，我们还应该学着做到诗人惠特曼所说的那样："让我们学着像树木一样顺其自然，面对黑夜、风暴、饥饿、意外与挫折。"

　　一个有12年养牛经验的人说过，他从来没见过一头母牛因为草原干旱、下冰雹、寒冷、暴风雨及饥饿，而会有什么精神崩溃、胃溃疡的问题，也从不会发疯。面对现实，并不等于被动接受所有的不幸。只要有任何可以挽救的机会，我们就应该奋斗。但是，当我们发现情势已不能挽回了，我们就最好不要再思前想后，拒绝面对。

　　要接受不可避免的现实，唯有如此，才能在人生的道路上掌握好平衡。

第 七 章

时间是最昂贵的
稀有商品

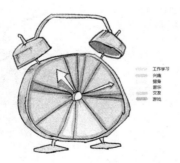

做一个珍惜时间的人

人的一生是一个不间断的过程，如果把人有限的一生比作一个线段的话，那么它是以时间为刻度表现出来的。按照物理上来说，人人每天皆有24小时的光阴。有人一事无成，也有人极其自然地完成众多工作。把握人生，必先把握时间。那么如何利用时间这种资源呢？

首先要把时间看成可运用的东西。扣掉睡眠和用餐等生理时间、上班时间、通勤时间之后，你或许觉得个人时间所剩无几。不过切勿断言"情况果真如此"，还请仔细反省一番。你是否在浪费光阴？譬如发呆似的守在电视机前，由于懒得关掉节目就一直观赏下去——你有没有这样的经验呢？事后只觉脑袋空空。这种情况之下，毫无疑问地您是在浪费时间。

其次，如果集中专注于某项工作的话，就可避免浪费光阴。主动活用时间是很重要的。要把时间当作完成工作、享受休闲、充实人生的重要资源妥善掌握。从"无"到"有"的观念转变乃是创造时间的积极条件。倘能扭转观念，就连那些成天叫嚷时间不够的人，也会发现5分钟或者10分钟的零碎光阴迎面而来。尽管一日当中忙里偷闲只能赚一两个钟头的时间，然而日积月累下来成果就相当可观了。

时间运用的重要原则之一就是在我们处理事物时，应按事情的轻重缓急去处理。时间问题研究专家阿兰·拉肯，在时间调度方面有很多珍贵的经验。在制定计划前，他把要处理的事情进行分类，最重要的定为A类，次要的定为B类，再次的定为C类；并将每天的工作也按

和时间
交朋友

重要程度分成三类，着力于A类工作，不为C类工作耗费过多时间。

他认为，如果长期坚持下去，有可能在半年中能干完几年的事。这位时间专家在运筹时间上，讲究科学、实效，他给自己总结了61条省时的经验，很有参照价值。现择要介绍几种：

（1）珍惜每一分钟。把所有的时间都当作有用的时间，努力从每一分钟中得到满足，但并不一定要干什么事情。尽量去喜欢自己正在干的一切事情，永远做乐观主义者，相信自己会成功。从不把时间浪费在为失败而后悔上，也从不把时间浪费在懊悔没有去做哪件事上。时时提醒自己："要干重要的事情总是会有足够的时间的。"如果认为某件事情是重要的，就想法找时间去干。先干重要的事，而且要尽量干得更机智而非干得更辛苦。特别要努力干A类事，而不是B类和C类事。对大的项目，要从收益最大的部分开始，而后会常常发现没有必要再做其余的部分。要使自己有足够的时间投身于重要的工作。

（2）每月修订一次自己的人生目标。每天重温自己制定的目标，并用每天的行动去接近这个目标。在办公室里应放上自己对人生目标的陈述，借此提醒自己。即使是在干一件最小的事，心中也不忘那个长期的目标。在每天早晨就进行计划，安排好一天工作的轻重缓急。每天都有一张当天要做哪些事的清单，并将它们按重要程度排列，然后尽可能一有时间就去干最重要的工作。在每月事先安排的工作计划中，应使自己除了能为"烫手"的项目留出额外的时间外，还能使工作有所变化并保持平衡。养成好习惯，按着"任务清单"的顺序干，绝不跳过困难的工作。为自己定下工作的最后期限。

（3）每天都努力找出一种新的节约时间的方法。读书用跳读的方法，搜索书中的要点。口袋里放上些卡片，以便随时作些简短的笔记和记录下头脑中的一些想法。养成长时间地聚精会神地干一件事情的能力，在同一时间内只集中精力干一件事。将精力集中投入于具有最好的长期效益的项目。平时保持桌面的整洁，以便于工作。把最重要的文件放在桌子的正中央，使所有的物品都各得其所，这样就把找东西的时间减少到最低限度。时时地问自己："此刻，什么是我利用时间的最佳方式？"

（4）永远放弃"等候时间"。检查自己的旧习惯，看看是否有需要杜绝或加以改进的地方。如果不得不等什么，就把它当作"时间的礼物"，用它来休憩，或去做一些本来不会去做的事情。当问自己"如果我不干这件事，会发生什么可怕的事情吗？"得到的答案是否定的，就不去干。注意努力不去浪费别人的时间。当完成了重要的工作时，让自己休息一下，用做对自己的特别奖赏。

阿兰·拉肯在长期实践中总结而成的利用时间高效运行方法，可行而实用，我们每个人都能创造适合自己的提高时效的方法，充分开发时间的价值。

善用零碎时间

争取时间的唯一方法是善用时间。把零碎时间用来从事零碎的工作，从而最大限度地提高工作效率。比如在车上时，在等待时，可用于学习，用于思考，用于简短地计划下一个行动，等等。充分利用零碎时间，短期内也许没有什么明显的感觉，但经年累月，将会有惊人的成效。

"世界上真不知有多少可以建功立业的人，只因为把难得的时间轻轻放过而默默无闻。"滴水成河。用"分"来计算时间的人，比用"时"来计算时间的人，时间多59倍。可能你很重视零碎时间，但你并不一定掌握利用这些时间的方法。

按照下述方法掌握你的时间，你会发现你的工作变得更有效率了。

1.嵌入式

即在空白的零碎时间里加进充实的内容。人们由某种活动转为另一种活动时，中间会留下一小段空白地带，如到某地出差时的乘车时间，会议开始前的片刻，找人谈话的等候时间等等。对这种零碎的空余时间应该充分加以利用，做一些有意义的事情。

2.并列式

即在同一时间里做两件事。例如做饭、散步、上下班的路上，都可以适当地一心两用。不少人在下厨房做饭时，仍能考虑工作问题，有的还准备好笔和纸，一边干活，一边构思，对工作有什么新的想法，马上就记录下来。

英国文学史上的著名女作家艾米莉·勃朗特在年轻的时候，除了写作小说，还要承担全家繁重的家务劳动，例如烤面包、做菜、洗衣服等。她在厨房劳动的时候，每次都随身携带铅笔和纸张，一有空隙，就立刻把脑子里涌现出来的思想写下去，然后继续做饭。

3.压缩式

即延长自己某次活动的时间，把零碎时间压缩到最低限度，使一项活动尽快转为另一项活动，免去很长的过渡时间。

一位历史学家曾经说道："好些年总想找个比较长的完整时间写东西，可是总等不来，可以利用的时间也就轻易地滑溜过去了；如今一有时间就写，化零为整，许多零碎时间妥善地利用起来，不就是一个大整数？这笔账过去不会算，自己想想，真是蠢得可以。"

亨利·福特说："据我观察，大部分人都是在别人荒废的时间里崭露头角的。"我们每天都有许多时间在等待中度过，等车、等人、排队缴费等，认真算起来，你会发现平均每天光是用在等待上的时间就不下30分钟。而一般人以为那只是短暂的而忽略掉，于是每天把不少的片段时间白白地浪费了。

等待的时间总是难过的，尤其是赶时间的时候，一切如慢动作般进行，你会觉得世界上仿佛只有自己在焦急似的，非常难熬。如果能学会充分利用等待的时间，不仅对你知识的增加、事业的成就，而且对你良好性格和情绪的维护都有莫大益处。

世界上许多有成就的人都非常注重余暇时间的价值。

一天，生病的达尔文坐在藤椅上晒太阳，面容憔悴，精神不振。一个年轻人路过达尔文的面前，当他知道面前这位衰弱的老人就是写了著名的《物种起源》等作品的达尔文时，不禁惊异地问道："达尔文先生，您身体这样衰弱，常常生病，怎么能做出那么多事情呢？"达尔文回答说："我从来不认为半小时是微不足道的很小的一段时间。"

的确，达尔文非常珍惜时间，他曾在

给苏珊·达尔文的信中说："一个会白白浪费一小时的人，就不懂得生命的价值。"

著名美国作家杰克·伦敦从来都不愿让时间白白地从他眼皮底下溜过去。睡觉前，他默念着贴在床头的小纸条；第二天早晨一觉醒来，他一边穿衣，一边读着墙上的小纸条；刮脸时，镜子上的小纸条为他提供了方便；在踱步、休息时，他可以到处找到启动创作灵感的语汇和资料。不仅在家里是这样，外出的时候，杰克·伦敦也不轻易放过闲暇的一分一秒。出门时，他早已把小纸条装在衣袋里，随时都可以掏出来看一看，想一想。

有人算过这样一笔账：如果每天临睡前挤出15分钟看书，假如一个中等水平的读者读一本一般性的书，每分钟能读300字，15分钟就能读4500字。一个月（30天）是135000字，一年的阅读量可以达到1620000字。而书籍的篇幅从60000字到100000字不等，平均起来大约75000字。每天读15分钟，一年就可以读20多本书，这个数目是可观的，远远超过了世界人均年阅读量，然而这却并不难实现。

爱因斯坦曾组织过享有盛名的"奥林比亚科学院"，每晚例会，与会者总是手捧茶杯，边饮茶，边议论，后来相继问世的各种科学创见，有不少产生于饮茶之余。现在，茶杯和茶壶已列为英国剑桥大学的一项"独特设备"，以鼓励科学家们充分利用空余时间，在饮茶时沟通学术思想，交流科技成果。

凡在事业上有所成就的人，都有一个成功的诀窍：变"闲暇"为"不闲"，也就是不偷清闲，不贪逸趣。你要想获得成功，就必须学会如何擅用零碎时间。

克服工作中的拖拉心理

大多数人都会在某个方面拖拖拉拉。有些人事事都是如此。拖拉是内在矛盾的外在表现，当我们决定做某件事的时候，我们的另一部分却在阻止我们。

对于人们拖拖拉拉的毛病，究其原因，分析如下：

（1）觉得不知所措：通常发生在信息量太大、细节太纷繁复杂的时候。

（2）过多地估计了所需的时间：认为这项工作太费时间，一辈子都做不完。这种想法的另一种表现是认为自己总在完成某件事情。

（3）宁愿去做别的事情：别的任何事情总好像比手头的事重要。

（4）觉得只要拖下去，一切自然会过去：工作会被取消，约会会被推延，等等。

（5）想做得完美无缺：这些人害怕上交报告，害怕完成工作，因为他们担心在审查中不被通过。他们拖到最后一刻，这样即使检查不合格，他们也会说："嗨！如果时间充裕的话，我会做得很好的。"

（6）不想承担责任：这样即使他们完不成任务，也没人要他们负责。

（7）害怕成功：如果他们成功了，他们能否永远保持那种状态？他们成功以后和别人怎么相处？

（8）声称自己喜欢最后的冲刺：这些人通常认为在"压力下"工作做得最好。但他们却没有想过，正当他们想全力以赴投入工作的时候，却又有其他意外之事，那该怎么办？

许多人虽然知道自己做事有拖拉的毛病，但却始终找不到自己拖拉的原因，以至于拖拉的毛病最终得不到完全的根治。首先，你要搞清楚一般是什么情况使你拖拉。

考虑一下如下几个问题：

（1）一般在什么情况下，你会拖拉？

（2）为什么不能克服？

（3）你得为拖拉付出什么代价？

（4）你拖延了很长时间以后，是什么使你又去做的？（期限到了？有报酬？还是外部的压力？）

当你发现你在某些特别的事情上拖拉的时候，想想以下几点：

（1）这样的情况会给你带来什么样的矛盾冲突？你在回避什么？

（2）如果你耽搁了，会有什么样的后果？

（3）如果问题就是何时去做（你也确实没有可能不去做）的话，问一问你自己是否真的想为拖延付出代价？

在现代社会背景下，拖拉带给人们的危害主要表现为以下3个方面：

（1）让我们错过很多重要的机会。在现代社会，一切都处于快速变化之中，大量的信息每天都在高速而无序地流动着，我们每天都可能有很多机会改变自己的命运。可是由于拖拉成性，很多人都已经步入中年，却始终没有迈出那"改变命运的一步"。只要回忆一下自己曾经的梦想，我们就会发现，真正阻碍自己实现梦想的，其实就是我们自己，或者更确切地说，是我们凡事总爱拖拉的习惯。

（2）耽误重要工作的最后期限。我们知道，每个人的每件工作都是有一定的时间限制的——只不过有些工作的时间限制不是那么严格，而有些工作的时间限制比较严格罢了。这也就意味着，我们对任何工作都不可能无限期地拖延下去。在很多情况下，由于行动的节奏不够快，导致工作没有完成，造成时间上的延误，从而会出现浪费很多工作、甚至功亏一篑的结果。

（3）影响工作质量。很多人也知道自己的工作非常重要，必须保证质量，而且一定要及时完成，可他们总要到最后时刻才想起要抓紧时间。可由于已经拖拉太久，有时可能只来得及完成一部分，有时即便完成了，也根本没时间去进行最后的检查，只好匆匆忙忙把工作传递到下一个环节，结果可想而知。所以，对于那些已经踏入工作岗位的人来说，拖拉会使得他们的工作结果漏洞百出，从而很可能会影响到工作运作的效率和盈利能力。

那么，如何克服我们的拖拉心理呢？

1.确立紧迫感

你没有紧迫感。在你的内心深处，你缺乏一种"只许成功，不许失败"的斗志。你无法强迫自己把全部精力集中到自己当前的工作上，所以很多问题都会接踵而至：效率低下，工作拖拉，质量不合格，精力不集中……虽然过高的压力会让人濒临崩溃，但适当的良性压力却可以有效促进工作效率的提高。

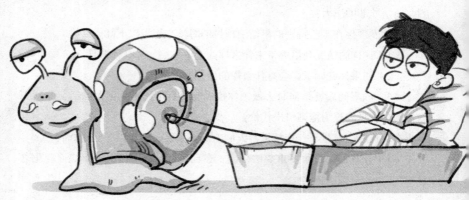

2.练习倒计时

倒计时是最直接的建立紧迫感的方式。美国著名管理学家、组织行为学的创始人保罗·赫塞曾经这样评价一个人的行为动机："在很大程度上是向着终点去的！"他相信，要想使组织当中的个人在工作的时候确立充分的紧迫感，管理者就必须先给员工准备一个紧绷的弹簧，随着截止日期的临近，这根弹簧会越绷越紧，直到最后任务完成。

具体的练习方法如下：

（1）为自己确定一项要在接下来一个小时内完成的工作。想想看，你有哪些工作需要在接下来的一个小时内完成，把这项工作具体写下来，包括要完成的工作内容、具体要求以及衡量标准。

（2）找一个带有秒表的时钟。最好它能够发出声音，并且每隔15分钟左右就能够提醒你一次："时间已经不多了。"

（3）做好所有的前期准备工作。包括你完成该项工作所需要准备的各种材料和信息，暂时把电话设成语音留言，把你的手机调成振动。

（4）静下心来。深呼吸几次，让自己彻底平静下来。记住，倒计时最重要的目的在于让你学会感受到紧迫感，而不是给你带来压力，让你变得精神紧张。

（5）马上动手。在这个问题上千万不要拖拉，当你把所有的准备工作都完成之后，要立即开始，千万不要在按下时钟这个问题上拖拖拉拉。

（6）开始工作。在接下来的一个小时里，你要学会让自己保持紧张（当然，这只是在练习阶段），让自己感觉像是在考场里接受考试一样，学会对自己说："监考老师就要过来收卷子了，我时间不多了。"

（7）好了，时间到。对照刚才列出的工作表检查一下，看看你是否完成了自己预定的计划，工作完成情况是否符合预定的衡量标准，然后给自己的成绩打分。

（8）不断重复，直至养成习惯。要想真正养成一种集中精力的习惯，你就必须不断地进行重复，并且在这个过程当中始终注意不要让自己以前的老毛病重犯。要知道，在培养新习惯的过程当中的最大的敌人就是以前的旧习惯，一定要克服它。

3.把截止日期提前

从心理的角度来说，"将截止日期提前"的意义在于它可以极大地提高一个人心理上的紧迫感。大多数人都倾向于首先完成那些比较紧迫的任务。当然，理论上来说，"首先完成最重要的任务"似乎是更为合理的选择。所以当你向团队的某位成员交代一项任务的时候，如果你能够有意识地把截止日期稍微提前一些，这样就可以有效地增强对方心理上的紧迫感，从而提高其工作效率。

好莱坞传媒大亨巴瑞·迪勒曾经被其手下的员工称为"吸血鬼"，以其善于督促员工而闻名一时。在担任派拉蒙影业公司总裁期间，巴瑞·迪勒留给人们印象最为深刻的一句话就是："抓紧时间，忘记上映日期吧，我们的工作就是要尽可能地完成手上的工作。"

如果你觉得自己是一个经常拖拉的人，我建议你也可以尝试一下把截止日期提前这种方法。比如说，你可以把自己完成某项作业的时间提前，或者是在有限的时间里为自己安排更多（超出了必要的工作量）工作，从而达到增强紧迫感的目的。

增值你的时间

人生苦短，人生易老。庄子曾感叹："人生天地间，若白驹过隙，忽然而已。"李白曾扼腕："恨不能系长绳于此西飞之白日。"莎士比亚也说："时间是无声的脚步，是不会因为我们有许多事情要处理而稍停片刻的。"

职场中，大多数员工可能会有过这种经历和感受：每一天没有认真仔细地做出安排和计划，他有可能会觉得无所事事，也有可能会觉得忙得晕头转向。其实，一天下来他可能什么事情也没办成，只是感觉到时间在不知不觉中就溜走了。

许多人经常这么想：在这浪费几分钟，在那浪费几分钟没有关系，反正时间还有的是。殊不知，他们正一步步远离成功。

而古往今来，成功人士与我们常人一样，有相同的时间，但工作效率却是我们的数倍或数十倍，因而，一生的收获也是我们的数倍或数十倍。如拿破仑、巴尔扎克、鲁迅……

美国有一位推销员，他每次去登门推销，总是随身带着闹钟，当会谈开始，他便说："我打扰您10分钟。"然后将闹钟调好，时间一到，闹钟便自动发出声响，这时他就完成了推销任务，然后起身告辞："对不起，10分钟到了，我该告辞了。"如果双方商谈顺利，对方会建议继续谈下去，那么他便说："好，我再打扰您10分钟。"于是闹钟再调10分钟。他便利用这种方法，把谈话的精华都汇集在10分钟内，既不耽误别人的时间，又能在有限的时间里很好地完成任务。

大多数顾客第一次听到闹钟的声音，往往表示惊讶，一方面对推销员的技艺表示赞叹，另一方面也佩服他的时间观念，也往往能使顾客更愿意与之交谈，这种合理利用时间的方法，可以促使推销顺利进行，同时也起到了更为有效的作用。最终，他取得了辉煌的业绩，其成功的秘诀便是在有限时间内，合理安排，使其达到最高的效率。

无论做什么事，我们都应及时行动，绝不拖延。只想着留待以后去做的人，时间会让他付出巨大代价。

拉尔上校正在玩纸牌，忽然有人递了一份报告说，华盛顿的军队已经进攻到德拉瓦尔了。但他只是将来件塞入衣袋中，等到牌局完毕，他才展开那报告，待到他调集部下出发应战，时间已经太迟了。结果全军覆灭，而他自己也因此战死，仅仅是几分钟的延迟，就使他丧失了尊荣、自由与生命！

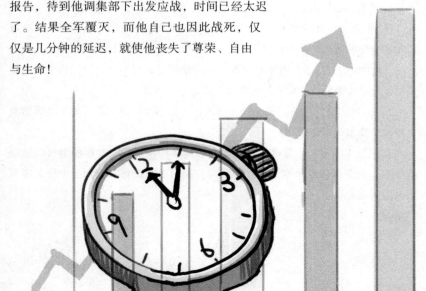

"要做，就立刻去做！"这是聪明员工的座右铭。服从它的人，他拥有的时间将会延长。

根据专家研究和诸多成功人士的实践，工作中，我们可以从以下几个方面，提高工作效率，增值时间：

（1）要事第一。千万不要平均分配时间，应该把你有限的时间集中到处理最重要的事情上，不可以每一样工作都去做，要机智而勇敢地拒绝不必要的事和次要的事。

（2）善于把握时间。有效地抓住时机可以牵一发而动全局，用最小的代价取得最大的成功，促使事物的转变，推动事情向前发展。

（3）善于协调两类时间。一种是可以由自己控制的时间，即"自由时间"；另外一种是属于对他人他事的反应的时间，不由自己支配，叫作"应对时间"。

（4）善于利用零散时间。时间是一点一滴挤出来的，比如在车上时，在等待时，可用于学习，用于思考，用于简短地计划下一个行动等。把零散时间用来从事零散的工作，从而最大限度地提高工作效率。充分利用零散时间，短期内也许没有什么明显的感觉，但积年累月，将会有惊人的成效。达尔文说："我从来不认为半小时是微不足道的很小的一段时间。完成工作的方法，是爱惜每一分钟。"

（5）保持良好的情绪。恶劣的情绪是人生成功的大敌；而良好的情绪可以加速生命的节奏，大大提高效率。

（6）集中注意力。有了良好的方法和情绪，如果不集中使用，也难以提高时效，平常说的"专则成，乱则废"就是这个道理。

（7）养成敏捷习惯。要养成雷厉风行、办事敏捷的习惯。如果磨磨蹭蹭去做，事情永远不会做好。

在职场中的每一天都必须清楚：我该为哪些事花时间？哪些事可以忽略或缩短？只有像计较金钱那样计较时间，我们才能在有限的人生中做更多有意义的事情。

绝不浪费时间

没有人可以说爱丽诺·罗斯福总统夫人是个懒人。演讲、写作，在各国之间为友谊而努力——她每天的活动排满了整张行程表，但大部分比她年轻一半的女人也难以胜任这种繁忙。

当我在纽约访问罗斯福夫人的时候，她接着就要去另外一个城市，去参加一个民主党的集会。我曾问她，如何能够安排好完成这么多事情。她的回答很简单，也很容易理解："我绝不浪费时间。"她告诉我，她在报上发表的许多专栏，都是在约会和会议之间的空当完成的。她工作到深夜，清晨就起床。

我们大家和罗斯福夫人一样，都有24个小时。我们的24个小时是怎么过的呢？我们"没有时间"去念一些好书、参加自修课程、出席家长与教师的联谊会、带小孩子到动物园，或是做许多我们喜欢做的，或应该做的快乐和有益的事情。

保罗·柏派诺博士，在《如何创造婚姻生活》一书中说道："家庭主妇大都觉得家事占去太多时间。这种看法值得详细地检讨一下。如果任何一位女人愿意把她一星期内的时间详记下来，结果可能会使她大吃一惊。"

在纽约市社会研究学校里，开了一门叫作人际关系的研究课程。这个课程的教师是一名成功的职业妇女和教育家爱丽丝·来斯·库克小姐。课程开始的时候，每个学生要做出他们一星期内时间和工作的记录表。

"当学生们在记录表上看到了，"库克小姐说，"他们浪费了多少时间来打毫无目的的电话，或是跑一次杂货店可以买完的东西却要分成两次买，通常他们就会大吃一惊，而开始计划更有效率的日常生活。"

"当我做好自己的时间和工作记录表以后，"库克小姐接着说，"我很清楚地发现，我必须停止看这么多侦探小说。并不是每个人都应该停止看侦探小说。但是，事情很明显，我无法既做完所有我计划的事情，又欣赏太多的侦探小说。"

为此，可能有人会问："至于每天浪费的时间：等待某人打电话、等候公共汽车、乘地下火车、在美容院里坐在吹风机下等着，难道我们不能好好使用这些时间？"

有些人懂得利用这些时间。

　　已故的哈尔兰·F.史东，是全美最高法院的首席法官，有一次他告诉一个大学毕业班同学说："这世界上的许多重要事情是使用15分钟的工夫来完成的，这段时间通常都被人们浪费掉。"

　　"万事通"专家约翰·基尔南，是个著名的地下火车乘客。看到他坐在地下火车里专心地看着济慈的诗集，或是一篇有关鸟类生态的论文，这都是很平常的事。

　　西奥多·罗斯福当总统的时候，他的桌上总摊着一本书，所以，他能够在两次约会之间的两分钟到三分钟的空当里念书。另外小塞尔德·罗斯福曾经说过，他父亲的卧室里有一本诗集，所以他能够在穿衣服的时候背下一首诗。可见罗斯福总统在节省时间方面做得是多么出色！

　　可是，我们之中许多人经常哭诉着说："没有时间念书。"

　　你很容易计算出你自己所"浪费"的时间是什么，好好利用这些时间吧！你不是一直想要学习一种外文？改善你的外表？写作、唱歌、画画、游玩？不要说你没有时间，学学那些有作为的人的做法——使用那些繁忙的预定计划表里出现的空当。

　　有一本畅销书，书名叫《一打比较便宜》，这是福南克·吉尔布雷斯家庭的故事。

　　已故的福南克·吉尔布雷斯是个工程师，他是动力科学研究的先驱专家。他和他的妻子莉莉安·吉尔布雷斯博士致力于把节省时间和劳力的方法带进商业界和工厂，同时也带进家庭管理方式里。

　　吉尔布雷斯夫妇共有3个小孩，他们从小就在一种观念下长大，认为时间是一种天赐的礼物，必须很讲效率地利用。在吉尔布雷斯家里，时间从不会被浪费。孩子们早上刷牙准备上学的时候，甚至可以从他们父亲放在浴室内的大字海报上学会许多新字。

　　蒂娜·盖塞狄是顾问工程师沙尔瓦多·S.盖塞狄的妻子兼助手。她把她先生在事业上所使用的高效率方法应用到家庭管理方法上。

　　盖塞狄太太在写给我的信中说："我们的信念是，清除掉杂草，我们就可以天天欣赏到花朵。那就是说，尽可能在最短的时间里做完基本必做的工作，如此我们就可以有更多的空闲去做我们所喜欢的事情。

　　"有了三个活泼的小壮丁，以及一间庞大的房子和花园需要都整理，还有社团活动，做我丈夫的秘书，再加上要负责家里的文化、宗教与社会职责，我所有的时间都必须做两倍工作，我还要想办法做我丈夫的助手，找出一些他可能漏掉的文章，提醒他必须参加的集会，为他构思一些改进的方案。

"我曾经在洗碟子或是替小孩热奶瓶的时候，想出许多增加营业效率的方法。我们在游玩的时间，和孩子们一起做运动，我们大家都在一起玩乐。

"我们的工作进度表是有弹性的，并非固定不变。有时候我们会把例行事务抛到窗外，专心去做一件特殊的事情或计划。"

这对夫妇懂得如何生活，如何工作，以及如何把生活和工作调和进行，而获得适当的结果。就像罗斯福夫人，她从不浪费时间。

应该说明的是，世界上最忙碌的人、做最多事情的人比起那些什么都不干的懒人要有更多的时间。

这些人能够做完较多的事情，因为他们学会了安排自己的时间和家务——重视我们大家都拥有的宝贵金矿——时间。

记住：浪费时间比浪费金钱还要悲惨，金钱失去了还可以赚回来——时间，是永远回不来的。以下这些规则，将会帮助你把宝贵的时间发挥出更大的作用。

（1）把你每天使用时间的方式做个忠实的反省。这个工作至少要做一星期。看看你的时间浪费到哪里去了。

（2）每星期为下一周做一次每天的时间计划。为每天的工作安排一段合理的时间，可以消除神经紧张、疲乏和混乱。如果这个方法适合于大公司总经理，它应该就会对所有的人有好处。

（3）在你工作的时间里，要避免不必要的工作中断。只要有点经验，你就能够学会在你努力于做好一件事的时候，暂时不理会电话和门铃的响声。不久之后，你的朋友就学会了只在某些特定时间才打电话给你——他们也会因为你讲求效率而更加尊敬你。

第 八 章

细节之中有"魔鬼"

万事皆因小事起

大事情都是小细节累积而成的。一位伟人说过：上帝与细节同在。从一声鸟鸣中，你可以听见春天的脚步，从一片浓荫中你可以感知夏天的心情，从一片枫叶中你可以认识秋天的颜色，从一朵雪花中你可以体味冬天的温度。所罗门说过，"万事皆因小事起"，而克里米亚战争的爆发正是这句名言的一个有力例证。

克里米亚战争造成了巨大的人员伤亡和财产损失，英国、法国、土耳其和俄国等都被牵连了进来，而战争最初却是因一把钥匙而起。

土耳其宣称，耶路撒冷圣墓中的一个神龛归土耳其的基督教会所有，于是就把神龛锁了起来，并且拒绝交出钥匙。这一行为使得希腊的教会很恼火。后来，争端不断升级。于是，俄国作为希腊的保护国，法国作为拉丁教会的代表也参加了进来。形势开始变得复杂起来。俄国要求土耳其对希腊的教会进行补偿，但土耳其拒绝这一要求。由于英国传统上就有保护土耳其人的习惯，在这场纠纷中他们理所当然地站在土耳其人的一边，同它们结成联盟共同反对法国和俄国。就是这样芝麻粒大小的事情，引发了这场巨大的纠纷。

细节充斥着我们的生活，细节也改变着我们的生活。我们注意到，生活中注重细节的人，生活品质往往更高；工作中注重细节的人，工作往往完成得更出色。无论做什么事情，细节万万不可忽视，否则就有可能付出极其惨重的代价。

国王理查三世准备拼死一战了。里奇蒙德伯爵亨利带领的军队正迎面扑来，这场战斗将决定由谁来统治英国。

战斗进行的当天早上，理查派了一个马夫去备好自己最喜欢的战马。

"快点给它钉掌，"马夫对铁匠说，"国王希望骑着它打头阵。"

"你得等等，"铁匠回答，"我前几天给国王全军的马都钉了掌，现在我得找点儿铁片来。"

"我等不及了。"马夫不耐烦地叫道，"国王的敌人正在推进，我们必须在战场上迎击敌军，有什么你就用什么吧。"

铁匠埋头干活，从一根铁条上弄下四个马掌，把它们砸平、整形，固定在马蹄上，然后开始钉钉子。钉了三个掌后，他发现没有钉子来钉第四个掌了。

"我需要一两个钉子，"他说，"得需要点儿时间砸出两个。"

"我告诉过你我等不及了，"马夫急切地说，"我听见军号了，你能不能凑合？"

"我能把马掌钉上，但是不能像其他几个那么结实。"

"能不能挂住？"马夫问。

"应该能，"铁匠回答，"但我没把握。"

"好吧，就这样，"马夫叫道，"快点，要不然国王会怪罪到咱们俩头上的。"

两军交上了锋，理查国王冲锋陷阵，鞭策士兵迎战敌人。"冲啊，冲啊！"他喊着，率领部队冲向敌阵。远远的，他看见战场另一头几个自己的士兵退却了。如果别人看见他们这样，也会后退的，所以理查策马扬鞭冲向那个缺口，召唤士兵调头战斗。

他还没走到一半，一只马掌掉了，战马跌翻在地，理查也被掀在地上。

国王还没有抓住缰绳，惊恐的战马就跳起来逃走了。理查环顾四周，他的士兵们纷纷转身撤退，敌人的军队包围了上来。

他在空中挥舞宝剑，"马！"他喊道，"一匹马，我的国家倾覆就因为这一匹马。"

他没有马骑了，他的军队已经分崩离析，士兵们自顾不暇。不一会儿，敌军俘获了理查，战斗结束了。

从那时起，人们就说：

少了一个铁钉，丢了一只马掌，

少了一只马掌，丢了一匹战马，

少了一匹战马，败了一场战役，

败了一场战役，失了一个国家。

所有的损失都是因为少了一个马掌钉。

这个著名的传奇故事出自已故的英国国王理查三世逊位的史实。他1485年在波斯战役中被击败，莎士比亚的名句"马，马，一马失社稷！"使这一战役永载史册，同时告诉我们一个不负责任的小小的疏忽会带来多么大的灾难。

很多时候，一件看起来微不足道的小事，或者一个毫不起眼的变化，却能改变一场战争的胜负。战场上无小事，这就要求每一位军官和士兵始终保持高度的注意力和责任心，始终保持清醒的头脑和敏锐的判断力，能够对战场上出现的每一个变化、每一件小事迅速做出准确的反应和判断。

绝不忽视任何细节

我们常说要追求卓越，其实卓越就是苛求细节的具体表现，卓越并非高不可攀，也不是遥不可及，只要我们认真从自己做起，从日常的每一件小事做起，并把它做精做细，都可以达到卓越的境界。

密斯·凡·德罗是20世纪世界四位最伟大的建筑师之一，他反复强调的是：不管你的建筑设计方案如何恢宏大气，如果对细节的把握不到位，就不能称之为一件好作品。细节的准确、生动可以成就一件伟大的作品，细节的疏忽会毁坏一个宏伟的规划。

当今全美国的大戏剧院不少出自德罗之手。他在设计每个剧院时，都要精确测算每个座位与音响、舞台之间的距离以及因为距离差异而导致的不同的听觉、视觉感受，计算出哪些座位可以获得欣赏歌剧的最佳音响效果，哪些座位最适合欣赏交响乐，不同位置的座位需要做哪些调整方可达到欣赏芭蕾舞的最佳视觉效果，等等。而且更重要的是，他在设计剧院时要一个座位一个座位地去亲自测试和敲打，根据每个座位的位置测定其合适的摆放方向、大小、倾斜度、螺丝钉的位置，等等。

他这样细致周到地考虑的结果，是使他成了一个伟大的建筑师。和密斯·凡·德罗一样，美国著名的建筑大师莱特在做每一件事时，都将细微之处做到了完美。

在莱特毕生作品中，最杰出而脍炙人口的也许要算坐落于日本东京抗震的帝国饭店。这座建筑物使他名列当代世界一流建筑师之林。1916年日本小仓公爵率领了一批随员代表日本政府前往美国聘莱特建一座不畏地震的建筑。莱特随团赴日，将各种问题实地考察了一番。发现日本的地震是继剧震而来的波状运动，于是断定许多建筑物之倒塌实际上是因为地基过深，地基过厚。过深、过厚的地基会随着地壳移动，而使建筑物坍塌下来。

他决定将地基筑得很浅，使之浮在泥海上面从而使地震无从肆虐。

莱特决定尽量利用那层深仅8尺的土壤。他所设计的地基系由许多水泥柱组成，柱子穿透土壤栖息在泥海上面，可是这种地基究竟能不能支持偌大一座建筑物呢？莱特费了一整年工夫在地面遍击洞孔从事实验。他将长8尺、直径八寸的竹竿插进土里，随即很快抽出来以防地下水冒出，然后注入水泥，他在这种水泥柱上压以铸铁，测验它能负担的重量。结果成绩至为惊人，根据帝国饭店的预计总重量，他算出了地基所需的水泥柱数，在各种数据准确的情况下，大厦动工了。筑墙所用的砖也经过他特别设计，厚度较常加倍。1920年帝国饭店正式完工，莱特返美。

三年之后一次举世震骇的大地震突袭东京与横滨。当时莱特正在洛杉矶创建一批水泥住宅，闻讯坐卧不宁，等待着关于帝国饭店的消息。

一连数日毫无消息，到了某天凌晨3点，莱特的旅店寓所里电话铃声狂鸣。"喂！你是莱特吗？"听筒内传来一阵令人沮丧的声音："我是洛杉矶检验报的记者。我们接到消息说帝国饭店已被地震毁了。"

数秒钟后他坚强地回答道："你若把这消息发出去，包你会声明更正。"

10天之后，小仓公爵拍来了一通电报："帝国饭店安然无恙，从此成为阁下天才纪念品。"帝国饭店在整个灾区中竟因是唯一未受损害的房屋而成了万千灾民的归宿。

小仓公爵的贺电顷刻间传遍全球。莱特成了妇孺皆知的名流。

生活中我们经常会发现，那些功成名就的人，在功成名就之前，早已默默无闻地努力工作过很长一段时间。成功是一种努力的积累结果，更是苛求工作细节的最

佳诠释。

在实际工作中，不论你是一名老总还是普通员工，唯有把"每一件寻常的事做得不寻常才好"。苛求细节的尽善尽美，才是走向成功的最佳途径。如果凡事你都没有苛求完美的积极心态，那么你永远无法达到成功的顶峰。

成功自小处着手开始

日本东京贸易公司有一位专门负责为客商订票的小姐，她给德国一家公司的商务经理购买往返于东京、大阪之间的火车票。不久，这位经理发现了一件趣事：每次去大阪时，他的座位总是在列车右边的窗口；返回东京时又总是靠左边的窗口。经理问小姐其中缘故，小姐笑答："车去大阪时，富士山在你右边，返回东京时，山又出现在你的左边。我想，外国人都喜欢日本富士山的景色，所以我替你买了不同位置的车票。"就这么一桩不起眼的小事使这位德国经理深受感动，促使他把与这家公司的贸易额由400万马克提高到1200万马克。

雷纳经理决定在威尔士和麦得利两人之间选择一个人做自己的助理。为了体现民主与公正，雷纳经理便决定由全体员工投票选举。投票结果却出人意料，威尔士和麦得利的得票数竟然相同。雷纳经理犯难了，便决定亲自对两人进行一番考察，然后再做决定。威尔士和麦得利觉得这样做也很公平，便都欣然同意了。

一天，雷纳经理在餐厅里吃饭。用餐时，他看见威尔士吃过饭后，把餐盘都送进了清洗间，而麦得利呢，吃完后一抹嘴巴，便把餐盘推到了餐桌的一边，然后起身走了。

又有一天，雷纳经理很随意地走进威尔士的办公室，只见威尔士正在做下个月的销售计划，便问威尔士："每次都是你亲自做销售计划？为什

么不让下面分店的负责人去做呢？"

"是的，我总是亲自做销售计划，这样我既能从总体上把握，又能做到心中有数。再说，这样的小事，就麻烦下面分店的负责人，我觉得也没有必要。"

雷纳经理又背着手踱到麦得利的办公室，麦得利也正在看一份销售计划。

"这是你自己做的计划吗？"雷纳经理问。

"这样的小事我一般都让下面的分店负责人来做，我只管大的销售计划。"

"那么你有成熟的销售计划吗？"

"这个……这个……我还没有。"

第二天，雷纳经理便宣布威尔士为自己的助理。

威尔士之所以能当上经理助理，主要得益于他不放过任何一件小事，不小看任何一件小事，并且认真地做好每一件小事。

不过对于小事，很多人都不愿意去做，但成功者与一般人最大的不同就是他愿意做别人不愿意做的事情。一般人都不愿意付出这样的代价，可是成功者愿意，因为他渴望成功。

其实，小事不小，做小事虽然只是举手之劳，可就是在你的一举手一投足之间，才能体现出你的细心、你的敬业，才能体现出你的与众不同。

任何工作都需要一颗认真的心

只有认真才能够将事情做好。年轻人要有所成就，就应当学会认真。

有人问罗斯福总统夫人："尊敬的夫人，你能给那些渴求成功的人，特别是那些年轻的、刚刚走出校门的人一些建议吗？"

总统夫人谦虚地摇摇头说："不过，先生，你的提问倒令我想起我年轻时的一件事。那时，我在本宁顿学院念书，想边学习边找一份工作做，最好能在电信业找份工作，这样我还可以修几个学分。我父亲便帮我联系，约好了去见他的一位朋友——当时任美国无线电公司董事长的萨尔洛夫将军。

"等我单独见到了萨尔洛夫将军时，他便直截了当地问我想找什么样的工作，具体是哪一个工种。我想：他手下的公司的每一个工种我都喜欢，无所谓选不选了，便对他说随便哪份工作都行。

"只见将军停下手中忙碌的工作，目光注视着我，严肃地说：'年轻人，世上没有一类工作叫随便，成功的道路是目标铺成的！'

"将军的话让我面红耳赤，这句发人深省的话，伴随我的一生，让我以后一直非常努力地对待每一份工作。"

罗斯福总统夫人的故事告诉我们：对待工作，不可有随便的态度，否则工作和人生都将一事无成。

如果一个人想要改变眼前充满不幸或者不尽如人意的情况，只要回答这个简单的问题："我希望情况变成什么样？"然后全身心投入，采取行动，朝理想目标前进即可。

没有任何工作会接受随便、马虎的工作态度，如果有工作要做，就应该立刻做好。如果工作时你发现自己毫无准备，就不该怪命运女神，而应该埋怨自己。

每个人都需要有认真的做事风格和习惯，粗心马虎、做事差不多就行的习惯是可以改变的。下面就是几种改掉马虎习惯的方法，可以帮你去掉"差不多先生"的"头衔"。

（1）集中精力，重视眼前。把注意力集中在我们的现实世界中，不要太多地追悔过去，不要沉溺于冥想未来，而应全力以赴把握眼前，重视当下的学习和生活。

（2）排除干扰，稳定情绪。每个人的心理能量都是有限的，如果被过多杂务干扰，心绪烦乱，情绪不稳，我们就容易涣散注意力，就很难做到全神贯注。要真正做到细心谨慎，必然要处理好自身的各种心理困惑，保持一颗平静的心，正所谓"宁静而致远"。

（3）赋予自己责任，切实用心。任何事情，都是事在人为。同样一件事，能够敢负责任、切实用心，就可能成就一篇杰作；如果毫不在乎，不当回事，就可能竹篮打水一场空。只要能够负起责任，油然而生一种神圣的责任感和使命感，就有可能激发我们全部的智慧，调动我们无穷的潜力。因此从这个意义上说，细心很大程度上依赖于责任心。

（4）培养兴趣。我们深知，一旦自己对于某事有了浓厚兴趣，常能乐此不疲、流连忘返，也就能够精心钻研、细心考量。如果缺乏兴趣，就容易心猿意马、朝三暮四，难以做到持久的静心、细心，更不可能保持足够的耐心。我们理应认识到自身优势，做自己想做又能做的事情，然后将潜力发挥到极致，才能真正维持住持久的细心。

多一份专注就多一份成就

在荷兰，有一位刚刚初中毕业的青年农民，在一个小镇找到了为镇政府看门的工作。从此他就没有离开过这个小镇，也没有再换过工作。

他太年轻，工作也太清闲，总得打发时间。他选择了又费时又费工的打磨镜片，算作自己的业余爱好。就这样，他磨呀磨，一日复一日，一年又一年，一磨就是60年。他是那样的专注和细致，锲而不舍。他的技术早已超过专业技师了，他磨出的复合镜片的放大倍数，比专业技师磨出的都要高。他老老实实地把手头上的每一块玻璃片磨好，可以说用尽了毕生的心血。借助打磨的镜片，他发现了当时科技尚未知晓的另一个广阔的世界——微生物世界。从此，他名声大振。只有初中文化的他，被授予了在他看来是高不可攀的巴黎科学院院士的头衔，就连英国女王也到小镇拜会过他。

创造这个奇迹的小人物，就是科学史上鼎鼎大名、活了90岁的荷兰科学家万·列文虎克。

铁杵之所以能磨成针，就在于老妇人的专注与恒心，做任何事倘若失去了这一种精神，就不能指望收获成功的喜悦。用一颗诚挚的心做事，才有一份辉煌的事业存在。

在巴黎市中心的两条大街的交叉口，有一座名为"巴尔扎克纪念碑"的塑像。这座塑像上的巴尔扎克，昂着头，披散着发，用嘲笑和蔑视的目光注视着眼前的光怪陆离的花花世界。然而巴尔扎克像却没有双手，这是怎么回事呢？

这座塑像是近代欧洲雕塑大师罗丹的作品。为了创做出这件作品，理解和体会这位《人间喜剧》作者的思想感情，表达出巴尔扎克的内在神韵，罗丹仔细阅读了巴尔扎克的全部重要作品，认真钻研了有关巴尔扎克的评论文章和传记作品。

不仅如此，罗丹对塑像的创作态度极端认真。当时塑像的委托者限定18个月完成，并给了罗丹一万法郎定金。罗丹为了避免因时间仓促而粗制滥造，退回了一万法郎，并要求多给他一些时间。

在塑像的创作过程中，罗丹还经常征求别人的意见。

一天深夜，罗丹在他的工作室里刚刚完成巴尔扎克的雕像，独自在那里欣赏。他面前的巴尔扎克身穿一件长袍，双手在胸前叠合，表现出一种一往无前的气势。兴奋的罗丹迫不及待地叫醒一名学生，让他来评价自己的作品。

这位学生怀着惊喜的心情欣赏着老师的杰作，目光渐渐地集中在雕像的那双手上。"妙极了，老师！"这位学生叫道，"我从来没有见过这样一双奇妙的手啊！"听到这样的赞美，罗丹脸上的笑容消失了，他匆匆跑出工作室，又叫来另一个学生。"只有上帝才能创造出这样一双手，它们简直和活的一样。"学生用虔诚的口吻说道。罗丹的表情更加不自然了，他又叫来第三个学生。这个学生面对雕像，用同样尊敬的口气说："老师，单凭您塑造的这双手，就可以使您名垂千古了。"此时的罗丹已经变得异常激动，他不安地在屋内走来走去，反复端详这尊雕像。突然，他抢起锤子，果断地砍掉了那双"举世无双的完美的手"。学生们对老师的举动惊呆了，一时不知说什么才好。罗丹用平静的口气对他们说："孩子们，这双手太突出了，它们已经有了自己的生命，不属于这座雕像的整体了。"沉思了一下，他又继续说道："记住，一件完美的艺术品，没有任何一部分比整体更重要。"

罗丹就是这样一位为艺术不断追求的人。

不论是艺术还是其他工作，我们都需要一种以生命的全部热忱来对待它的精神。你把它当作你的事业，它也就给你所追求的一切。我们要树立这样的理念：要么不做，要做就做最好。

让杰西永远也忘不了的，是她上三年级时的一次午餐时间。学校排戏时，她被选来扮演剧中的公主。接连几周，母亲都煞费苦心地跟她一道练习台词。可是，无论她在家里表达得多么自如，一站到舞台上，她头脑里的词句便全都无影无踪了。

最后，老师只好叫杰西靠边站。她解释说，她为这出戏补写了一个道白者的角色，请她调换一下角色。虽然她的话亲切婉转，但还是深深地刺痛了杰西——尤其是看到自己的角色让给另一个女孩的时候。

那天回家吃午饭时，杰西没把发生的事情告诉母亲。然而，母亲却觉察到了她的不安，没有再提议她们练台词，而是问她是否想到院子里走走。

那是一个明媚的春日，棚架上的蔷薇藤正泛出亮丽的新绿。杰西无意中瞥见母亲在一棵蒲公英前弯下腰。"我想我得把这些杂草统统拔掉。"她说着，用力将它连根拔起。"从现在起，咱们这庭园里就只有蔷薇了。"

"可我喜欢蒲公英，"杰西抗议道，"所有的花儿都是美丽的，哪怕是蒲公英！"

母亲表情严肃地打量着她。"对呀，每一朵花儿都以自己的风姿给人愉悦，不是吗？"她若有所思地说。

杰西点点头，很高兴自己战胜了母亲。

"对人来说也是如此。"母亲又补充道，"不可能人人都当公主，但那并不值得羞愧。"

杰西想母亲猜到了自己的痛苦，她一边告诉母亲发生了什么事，一边失声哭泣起来。

母亲听后释然一笑。

"但是，你将成为一个出色的道白者。"母亲说，并提醒杰西是如何爱朗读故事给自己听的。"道白者的角色跟公主的角色一样重要。"

每个行业都能出人才，关键是你要做得足够好。正所谓三百六十行，行行出状元，只要你能做最好的自己，那么你也就会得到你应得的掌声与鲜花。

第 九 章

打破常规，别人的故事里不会有你的成功

张开想象的翅膀

想象是人类意志的工厂，在这个工厂里，可以把书的想法和已知的事实重新组合，作新的用途。

何谓想象？想象是建设性智力的行为，把知识资料或思想，集合成新的、创始性的及合理的系统；建设性或创造性的才能；包括诗歌、艺术、哲学、科学及伦理上的想象力。

在美国加州海岸的一个城市中，所有适合建筑的土地都已被开发出来，并予以利用。在城市的另一旁是一些陡峭的小山，无法作为建筑用地，而另外一旁的土地也不适合盖房子，因为地势太低，每天海水倒流时，总会被淹没一次。

一位具有想象力的人来到了这个城市。具有想象力的人，往往具有敏锐的观察力，这个人也不例外。在到达的第一天，他立刻看出了从这些土地赚钱的可能性。他先预购了那些因为山势太陡而无法使用的山坡地。他也预购了那些每天都要被海水淹没一次而无法使用的低地。他预购的价格很低，因为这些土地被认为并没有什么太大的价值。

他用了几吨炸药，把那些陡峭的小山炸成松土。再利用几架推土机把泥

土堆平，原来的山坡地就成了很漂亮的建筑用地。另外，他又雇用了一些车子，把多余的泥土倒在那些低地上，使其超过了水平面，因此，也使它们变成了漂亮的建筑用地。他赚了不少钱，是怎么赚来的呢？只不过是把某些泥土从不需要它们的地方运到需要这些泥土的地方罢了，只不过把某些没有用的泥土和想象力合并使用罢了。

那个小城市的居民把这人视为天才，而他确实也是天才——任何人只要能像这个人这样地运用他的想象力，那么，他也同样可以成为一位天才。

想象力通常被称为灵魂的创造力，它是每个人自己的财富，是你在这个世界上唯一能够绝对控制的东西。

就好比小鸟从卵中沉睡的胚细胞逐渐成长，你的物质成就也将从你在想象中创造的组合计划中成长。首先出现的是思想，然后把这个思想和观念与计划组织起来。最后，就是把这些计划变成事实，你将会注意到，一切是从你的想象开始。

为了使人类社会有更大的发展，我们需要极大的想象力。这就要求我们必须不断地进行思考训练，使自己的思想有飞跃的发展。由此，我们可以获得丰富的想象力。

拿破仑说："想象支配人类"。只要我们的想象力不衰竭，我们的创造力就永不会枯竭。致使人生能够长久地停留在"保鲜期"，保持活跃的思想、敏捷的行动，将"成功"事业进行到底！那么，在加强想象力的培养方面，应注意以下几点的日常练习：

1.涉猎广泛，储备丰富

想象是在已有的表象上展开的，任何想象都不能离开已有知识基础。一个人的感性知识越丰富，就越能产生丰富生动的想象。对已储备的知识，要善于在实践中运用，在实际应用中加深印象，并在运用中提高想象的积极性。

2.徜徉书海，纵横想象

阅读是培养想象力的有效途径。阅读时，要根据阅读材料的性质提出不同的要求。阅读文学艺术作品要根据作品的描绘，在头脑中形成生动具体的形象，同时努力提高阅读水平和文字表达能力；阅读科技读物，应在读懂作品文字说明的基础上，进一步全面了解各种现象的相互关系，努力领会所讲述的科学原理、原则，不能浅尝辄止、一知半解。阅读历史、地理、经济、政治类读物，不能死记硬背，要理清头绪，展开想象，做到上下五千年、纵横八万里，尽收腹中。

3.创造想象，积极有益

一切科学发明、技术革新、文艺创作，都离不开创造想象。创造想象的产生，需要下列条件：首先，原型启发。原型启发的事例在各种创造发明中是屡见不鲜的，通过联想可把旧有表象结合起来，或把旧有表象典型化而产生新形象。这往往得从其他事物中得到解决问题的启发，从而找到解决问题的途径。其次，灵感出现。灵感是人的全部精神力量和高度积极性的集中表现，它同人的创新动机和对解决任务的方法的不断寻觅和探求直接联系着。在灵感状态下，人的注意力完全集中在创造活动对象上，意识十分清晰而敏锐，工作效率可达到意想不到的高水平。

只有经过积极、正确的思维，想象才能沿着正确方向顺利进行。也只有这样的想象才是积极的、富有意义的个人素质培养。

打破常规，学会变通

在一般情况下，人们总是惯用常规的思考方式，因为它可以使我们在思考同类或相似问题的时候，能省去许多摸索和试探的步骤，能不走或少走弯路，从而可以缩短思考的时间，减少精力的耗费，又可以提高思考的质量和成功率。但是，这样的思维定式往往会起一种妨碍和束缚的作用，它会使人陷在旧的思维模式的无形框框中，难以进行新的探索和尝试，因此，我们应当敢于突破常规的想法，摆脱束缚思维的固有模式。

我们都知道现代铁路两条铁轨之间的标准距离是固定的，无论哪个国家、哪个地区，这一数值都是4英尺又8.5英寸（1.435米）。也许你会对这个标准感到费解，为什么不是整数呢？这就要从铁路的创建说起了。

早期的铁路是由建电车的人所设计的，而4英尺又8.5英寸正是电车所用的轮距标准。那电车的轮距标准又是从何而来的呢？这是因为最先造电车的人以前是造马车的，所以电车的标准是沿用马车的轮距标准。马车又为什么要用这个轮距标准呢？这是因为英国马路辙迹的宽度是4英尺又8.5英寸，所以如果马车用其他轮距，它的轮子很快会在英国的老路上撞坏。原来，整个欧洲，包括英国的长途老路都是由罗马人为其军队所铺设的，而4英尺又8.5英寸正是罗马战车的宽度。罗马人以4英尺又8.5英寸为战车的轮距宽度的原因很简单，这是牵引一辆战车的两匹马屁股的宽度。

马屁股的宽度决定了现代铁轨的宽度，也许你会觉得有几分可笑，但事实就是如此。这一系列的演进过程，也十分形象地反映了路径依赖的形成和发展过程。

正如一位心理学家说过："只会使用锤子的人，总是把一切问题都看成是钉子。"就好像卓别林主演的《摩登时代》里的主人公一样，由于他的工作是一天到晚拧螺丝帽，所以一切和螺丝帽相像的东西，他都会不由自主地用扳手去拧。

法国作家贝尔纳说："妨碍人们学习的最大障碍，并不是未知的东西，而是已知的东西。"贝弗里奇在《科学研究的艺术》一书中，对此也作了深刻而中肯的论述："几乎在所有的问题上，人脑有根据自己的经验、知识和偏见，而不是根据面前的佐证去做判断的强烈倾向。因此，人们是根据当时的看法来判断新设想。"

1813年，曾以成功进行人工合成尿素实验而享誉世界的德国著名化学家维勒，收到老师贝里齐乌斯教授寄给他的一封信。

信是这样写的：

从前，一个名叫钒娜蒂丝的既美丽又温柔的女神住在遥远的北方。她究竟在那里住了多久，没有人知道。

突然有一天，钒娜蒂丝听到了敲门声。这位一向喜欢幽静的女神，一时懒得起身开门，心想，等他再敲门时再开吧。谁知等了好长时间仍听不见动静，女神感到非常奇怪，往窗外一看：原来是维勒。女神望着维勒渐渐远去的背影，叹气道：这人也真是的，从窗户往里看看不就知道有人在，不就可以进来了吗？就让他白跑一趟吧。

过了几天，女神又听到敲门声，依旧没有开门。

门外的人继续敲。

这位名叫肖夫斯唐姆的客人非常有耐心，直到那位漂亮可爱的女神打开门为止。

女神和他一见倾心，婚后生了个儿子叫"钒"。

维勒读罢老师的信，唯一能做的就是一脸苦笑地摇了摇头。

原来，在1830年，维勒研究墨西哥出产的一种褐色矿石时，发现一些五彩斑斓的金属化合物，它的一些特征和以前发现的化学元素"铬"非常相似。对于铬，维勒见得多了，当时觉得没有什么与众不同的，就没有深入研究下去。

一年后，瑞典化学家肖夫斯唐姆在本国的矿石中，也发现了类似"铬"的金属化合物。他并不是像维勒那样把它扔在一边，而是经过无数次实验，证实了这是前人从没发现的新元素——钒。

维勒因一时疏忽而把一次大好时机拱手让给了别人。

人们的大脑中存在思维定式是一种很普遍的现象。据说，牛顿曾养了一大一小两只猫。一次，牛顿请瓦匠砌围墙，为了让猫进出方便，他要求瓦匠在墙上开一大一小两个猫洞，以便大猫进出大洞，小猫进出小洞。围墙砌好后，瓦匠却只开了一个大洞，牛顿很不满意。瓦匠解释说，小猫不也可以从大洞进出吗？牛顿顿时恍然大悟。能从苹果落地的现象而发现万有引力定律的牛顿，也被定式思维开了一个小小的玩笑。

因此，一定要打破思维的惯性，跳出思维模型所造成的定式状态，去获得常规之外的东西。遇到问题时，一定要努力思考：在常规之外，是否还存在别的方法？是否还有别的解决问题的途径？……只有这样，才能抛弃旧的思维框框，粉碎思维定式，让思维变得更加灵活多样、敏捷准确，从而增强自己的创新能力。

纽约，是冒险家的乐园，也是名人荟萃的地方。在这里，首饰行业之间的竞争十分激烈。罗伯特是个善于动脑筋的人，他很清楚，要想在对手林立的市场上站稳脚跟并且后来者居上，除了要有精湛的手艺和高明的经营手段之外，独特的创意也相当重要。

一天，一位大富翁慕名而来，他拿着一颗名贵的蓝宝石，要求罗伯特为他镶一枚与众不同的戒指，准备送给一位著名女影星作为生日礼物。

罗伯特当然不会错过这个送上门来的好机会。

他拿着这颗蓝宝石，整整端详了3天。他知道，再在图案上下功夫是不会有惊人之举了，唯有在蓝宝石上打主意。

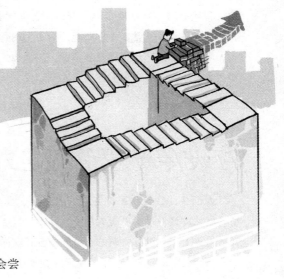

　　传统镶戒指的方法，是用戒指把面料包起来。这样包后有近一半的面积被遮盖起来，也就是说一块料做成首饰后至少"小"了1/3。

　　但是不这样做不行，万一安装不牢固，贵重的宝石就可能掉下来丢失，因此一直没人认为这种传统工艺有什么不对。

　　罗伯特早就觉察出这种传统镶法的弊病，但一直没有机会尝试改变这种陈旧的方法。

　　经过一个多星期的研究实验，他终于发明了一种新颖的连接方法——内锁法。用这种方法制造出的首饰，宝石的90％暴露在外，只有底部一点面积像果实芥蒂那样与金属连接。

　　那位著名女影星生日那天，举行了盛大的晚会，一时宾客如云，高朋满座，当女影星出现时，人们的目光都被她手指上那颗璀璨夺目的蓝宝石戒指吸引住了……

　　当然，女影星的效应是巨大的。那些崇拜女影星的贵妇、小姐们得知这枚戒指出自罗伯特之手，都不惜重金请他做首饰，她们都以拥有罗伯特亲手制作的首饰为一种荣耀。

　　罗伯特由此而名声大振，一跃成为纽约首饰行业的领军人物。

　　如果罗伯特仍然按照常规去做那枚戒指的话，他绝不会取得如此优秀的成绩。规则尽管非常重要，可是，如果我们想获得创意，那么遵守规则就反而成了一种枷锁。创造性思维既要求具有建设性，更要求打破陈规，否则只有一条死胡同可走，经常地反思、检查会使我们的思维流动起来，不因规则而僵化。

　　如果总是用思维定式来看待事物的话，那我们也就真的成了傻瓜。因此，我们必须打破常规，学会变通。看事物不能以一种眼光，而要多角度、多方面地去观察，从常规中求新意。对一个问题，我们可以通过组合、分解、求同、求异等方法，让思路发展拓宽，要么加一点，要么减一点，要么借一点，要么拿一点，寻求多种多样的方法和结论，从而创造出一种更新更好的事物或产品。

打破传统思维的定式

人们往往会受到思维定式的限制，一旦碰到用现有的方法解决不了的事情，就认为这件事不可能成功了，其实，只要你能突破这种惯性思维，你就会知道世界上根本没有所谓的不可能。曾有这样一个实验：

把5只猴子关在一个笼子里，并在笼子上边挂了一个鲜桃。笼子四周安装了粗铁丝网，所以这些猴子如果想要吃到桃子是一件很容易的事情，它们只要攀上铁丝网就可以拿到它。最初，当它们想去摘桃子时，人们就会施以电击。反复几次后，实验人员不再用电击它们，却再也没有猴子敢去摘桃了。

人类也是这样，我们被关在思维定式的笼子里，很多事不敢去尝试，就认为它是不可能完成的任务，因为跳不出思维的笼子，所以永远也得不到我们生命中的"桃子"。其实很多看似不可能的事情，只要打开思路，你就可以获得成功。

20世纪初，美国妇女以胸部平坦为美，乳房高耸被认为是没有教养的下等人。女孩子们都流行束胸，伊·黛也是受过束胸之苦的其中之一，她曾无数次告诉自己要想办法减轻姑娘们的这种痛苦，恰好当时她正与人合伙开了一家小服装店，于是她决定将这种想法体现在服装设计中。经过一番苦心揣摩，她想出了一个折中方案：用一副小型胸兜来代替捆扎的束带，然后在上衣胸前缝制两个口袋来掩饰乳房的高度。

不久后，伊·黛将这种时新服装推向市场，很快成了畅销货。伊·黛尝到甜头，信心大增。她决定研究出一种比胸兜更方便、更符合女人自然天性的服装。没过多久，她就设计出了一种具有历史意义的产品——胸罩。伊·黛凭直觉就知道胸罩一定会大受女人们欢迎。问题是，它会不会受到来自男性世界

的反对和阻挠？这完全有可能！因为男人们是那么自私，而他们的审美观又是那么可笑。

伊·黛犹豫再三，终于决定：跟传统观念较量一下。于是，她成立"少女股份有限公司"，批量生产胸罩。这批反传统的产品在纽约上市后，宛如平地一声惊雷，引起妇女界、服装界的轰动。胸罩很快被抢购一空。出乎伊·黛的意外，虽然有一些人跳出来攻击，但附和者寥寥无几。姑娘们看到反对之声不大，胆子更大了，胸罩便逐渐成为一种新的服装时尚。

伊·黛的少女公司迅速壮大，几年后，员工由最初的十几人增加到上千名，销售额增加到几百万美元。

任何一种服务都有改进的余地，这也是商人们展示经营才华的一个重要阵地。谁能率先推出一种市场接受的新产品，谁就有可能从同行中脱颖而出，成为市场的领先者。

也许很多人都告诉过你，做事要有恒心，要有韧劲儿，这都没错。但是，很多时候，你会因此而固执己见，在不知不觉中，一条道走到底。事实上，坚持一个方向走到底是不太现实的，就像你开车，不可能总是方向不变，而是要不时地调整方向。有时候，环境变化得太厉害，你还不得不另辟新路，不然，你定然会栽跟头。

同样的动作、语言、事情，会使我们的头脑产生一种定式。比如，有人问你："牛的头朝南，它的尾巴朝哪里？"你可能会脱口而出："朝北。"但合理的答案应该是"朝下。"又比如问你："三点水加一个'来'字念什么？"你依据经验回答："念'来'。"又问："三点水加一个'去'字呢？"你可能会回答："念'去'。"其实，你稍加思考，你就会发现，三点水加一个"去"字，那分明是个"法"字嘛！

要摆脱这种思维定式，需要你发挥想象力，并且不被固有的经验和权威所迷惑，如果你对一种事物或一件事情表示怀疑时，要坚定自己的猜测，然后用事实证明它。

心就是一个人的翅膀，心有多大，世界就有多大。如果不能打碎心中的四壁，即使给你一片蓝天，你也找不到自由的感觉，打破传统思维的定式，敞开心灵的栅栏，向所有的人开放，你就能获得整个世界。我们要时刻抓住生活中的变化，来改变自己的一生。没有变化的生活，并不一定是最好的。

有些人总以为自己的生活不可改变，所以从不试图改变。记住：美好的生活是靠自己努力得来的。

一条路走不顺畅，可以硬着头皮走下去，也可以放弃，另辟蹊径。打破传统思维的定式，往往能使人豁然开朗，步入佳境，也能使人从"山穷水尽"中看到"峰回路转""柳暗花明"。

也许，生活中并不缺少成功的机会，只是我们陷进了传统思维的囹圄之中，不能自拔。思维的框架让人容易产生怯懦的心理，终究没有勇气去尝试而流于平庸。

成功者与失败者之间的区别，有时并不在于他们之间有多大的差距，而在于一点小小的勇气。当我们超越众人禁锢得有些麻木的思想，勇敢地迈出那一步时，我们会惊喜地发现，原来成功的门对我们从不上锁。

第 十 章

突破语言，到哪里都成为最受欢迎的人

让赞美成为习惯

赞美和鼓励是引发一个人体内潜能的最佳方法。肯·布兰查德是《一分钟管理》的作者，他推荐大家使用"一分钟赞美"，"抓住人们恰好做对了事的一刹那"。你经常这么做，他们会觉得自己称职，工作有效率，以后他们很可能不断重复这些来博得赞美。

有个客人在一家餐厅吃饭，他觉得菜做得很好，吃得津津有味，赞不绝口。

抬起头来，正好看见厨师经过，就顺口对厨师说："你这菜做得真好吃！"本来愁眉苦脸的厨师，听了这些话，顿时变得容光焕发、神采飞扬。

他说："哦！先生，听你这么说，我真的太高兴了！已经很久没有人称赞我的菜做得好，谢谢您！"从此，那厨师就比以前更卖力。

让我们不再去想自己的成就和自己的需求。让我们试着去想别人的优点。然后忘却恭维，发出诚实、真心的赞赏。称许要真诚，赞美要慷慨，这样人们就会珍惜你的话，把它们视为珍宝，并且一辈子都重复它们——即使你已经遗忘以后，人们还重复着它们。

社区内新开设的店都装上自动门，可是附近有一家超级市场却没有装。在每天早晨和下午，太太们纷纷去买东西的时候，有个小男孩常站在超级市场玻璃门外，看到手里大包小包拿了好多东西的太太，就替她们拉开大门，让她们从容地走出来。

有一次，有位太太问那小男孩："你看门看了这么多日子，一定得到了许多小费，你拿来做什么用？"

那小孩有点诧异地回答："什么？她们都没有给我钱，可是她们都对我说：'你好棒！''谢谢你！'"

你也能在自己的能力之内，轻易地增加这个世界里的快乐。怎么做呢？就是对寂寞失意的人说几句真诚赞赏的话。或许，你明天就忘了今天所说的好话，但是听者却可能一生都珍惜着。

没有表达出来的赞美，是没有人知道的。爱、称赞、感谢都应该说出来，让对方知道，如果你以为只放心里就行了，那就大错特错了。

有对夫妻，先生每天早晨有边吃早餐边看报的习惯。有一天，当他又起食物往口中放的时候，觉得不像往常，赶紧吐出来，拿开手中正看着的报纸仔细一瞧：竟然是一段菜梗！他立刻叫妻子过来问。

妻子说："喔！原来你也知道火腿蛋与菜梗不同啊！我为你做了20年的火腿蛋，从不曾听你吭过一声，我还以为你食不知味，吃菜梗也一样呢。"

珍惜别人是一回事，赞美他们又是另一回事。我们都需要别人的承认与鼓励，没有一件事比别人所给的赞美更重要。赞美能满足他们的自尊，也能赢得他们对你的尊重。

美国商界年薪最先超过100万美元的人之中有一位是查尔斯·史考伯，他在1921年由安德鲁·卡内基选拔为新组成的美国钢铁公司的第一任总裁，而当时他只有38岁。

为什么钢铁大王安德鲁·卡内基要付给史考伯一年100多万美元的薪资，即一天3000多美元呢？

因为史考伯是一名天才吗？不是。因为他对钢铁的制造知道得比其他人多吗？也不是。而是因为史考伯的手下有许多人，他们对钢铁的制造，知道得比他还多。

史考伯说，他得到这么多的薪金，主要是因为他与人相处的本领。他是如何与人相处的，以下就是他以自己的话语说出的秘诀：

"我认为，我那能够使员工鼓舞起来的能力，"史考伯说，"是我所拥有的最大资产。而使一个人发挥最大能力的方法，是赞赏和鼓励。"

"再也没有比上司的批评更能抹杀一个人的雄心。我从来不批评任何人。我赞成鼓励别人工作。因此我急于称赞，而讨厌挑错。如果我喜欢什么的话，就是我诚于嘉许，宽于称道。"

安德鲁·卡内基之所以有这种惊人成就的特殊理由之一，就是他不论是在公开或私下里，都称赞他的雇员，甚至在他的墓碑上都要称赞他的雇员。他为自己写了一句碑文："这里躺着的是一个知道怎样跟他那些比他更聪明的属下相处的人。"

康涅狄格州新贾尔非尔德市的芭蜜娜·邓安，在公司里她的职责之一是监督一名清洁工的工作。他做得很不好，其他的员工时常嘲笑他，并且常常故意把纸屑或别的东西丢在走廊上，以显示他工作的差劲。这种情形很不好，而且增加了工作量。

芭蜜娜试过各种办法，但是都收效甚微。不过她发现，他偶尔也会把一个地方弄得很整洁。于是她就趁他有这种表现的时候当众赞扬他。于是，他的工作就有改进，不久之后，他已经可以把整个工作都做得很好了。现在对他的工作，其他人也大为赞扬。真诚的赞扬可以收到效果，而批评和耻笑却会把事情弄糟。

赞美就像浇在玫瑰上的水，赞美的话并不费力，却能成就大事。我们要下定决心对你的亲人、朋友甚至每一个人加以赞美，并把它变成一种习惯。

说句好话轻而易举，只要几秒钟，便能满足人们内心的强烈需求，注意看看我们所遇见的每个人，寻觅他们值得赞美的地方，然后加以赞美吧！

站在对方的立场看问题

当你认为别人的感受和你自己的一样重要时，才会出现融洽的气氛。我们需要多从他人的角度考虑问题，如果对方觉得自己受到重视和赞赏，就会报以合作的态度。如果我们只强调自己的感受，别人就会和你对抗。

在美国的一次经济大萧条中，90%的中小企业都倒闭了，一个名叫克林顿的人开的齿轮厂的订单也是一落千丈。克林顿为人宽厚善良，慷慨体贴，交了许多朋友，并与客户都保持着良好的关系。在这举步维艰的时刻，克林顿想要找那些朋友、老客户出出主意、帮帮忙，于是就写了很多信。可是，等信写好后才发现：自己连买邮票的钱都没有了！

这同时也提醒了克林顿：自己没钱买邮票，别人的日子也好不到哪里去，怎么会舍得花钱买邮票给自己回信呢？可如果没有回信，谁又能帮助自己呢？

于是，克林顿把家里能卖的东西都卖了，用一部分钱买了一大堆邮票，开始向外寄信，还在每封信里附上2美元，作为回信的邮票钱，希望大家给予指导。他的朋友和客户收到信后，都大吃一惊，因为2美元远远超过了一张邮票的价钱。每个人都被感动了，他们回想了克林顿平日的种种好处和善举。

不久，克林顿就收到了订单，还有朋友来信说想要给他投资，一起做点什么。克林顿的生意很快有了起色。在这次经济萧条中，他是为数不多站住脚而且有所成的企业家。

时常有些人抱怨自己不被他人理解，其实，换个角度可能别人也有同样的感受。当我们希望获得他人的理解，想到"他怎么就不能站在我的角度想一想呢"时，我们也可以尝试自己先主动站在对方的角度思考，也许会得到一种意想不到的答案。许多矛盾误会等也会迎刃而解。我对这两种方式的效果有过切身体会。

我有一个保持了多年的习惯，就是经常在我家附近的公园内散步。令我痛心的是，每一年树林里都会失火，使一些好端端的树木被大火烧毁。那些火灾几乎全是那些到公园里野餐的孩子引起的。我决定尽自己所能改变这种状况。

我到公园散步的时候，一看到孩子们在树林里生火，就走过去警告说，如果他们造成火灾，就会被关到牢里去，然后以不容商量的口气命令他们把火扑灭。如果他们不肯合作，我就威胁要叫警察把他们抓起来。

我承认自己只是在发泄不快，根本没有考虑过孩子们的感受。那些孩子即使服从了，也只是被迫服从，他们恨这个强迫他们放弃乐趣的人。等我

一走，他们很可能又把火生了起来。

这让我意识到必须换一种方式来和那些孩子沟通。我再次看到孩子们在树林里生火时，就微笑着问他们："孩子们，你们玩得高兴吗？我像你们这么大的时候也喜欢玩火，尤其是在野外生火做饭，真是一件有趣的事。"

我停下来和他们聊起了野餐的做法，气氛变得融洽起来。我趁机对他们："不过，你们应该知道，在树林里生火是很危险的。当然，我知道你们是很注意的，但是有的人就没这么小心。他们看到你们生火很有趣，就会学着做，可是离开时却不把火弄灭，结果火种蔓延起来，就把树林烧着了。如果树林被他们烧光了，以后我们就没有这么好玩的地方了。我很高兴看到你们玩得愉快，不过我建议你们现在把火堆旁的枯叶拨开。"

孩子们立刻踢开了火堆旁的枯叶。

"很好。"我鼓励他们，"我希望你们在离开之前用泥土把火堆盖住。下一次，如果你们还想野餐，能不能到山丘那边的沙坑里生火？在那里生火，就不会有任何危险了。"

孩子们非常乐意这么做。

事实证明，只要我们多考虑别人的感受，多从别人的角度看问题，即便是很尖锐的矛盾也能缓和下来。因此，如果你想得到别人的配合，最好真诚地从他的角度来考虑。有一个避免争执的神奇句子："我不认为你有什么不对，如果换了我肯定也会这样想。"这句话能使最顽固的人改变态度，而且你说这句话时并不是言不由衷，因为人类的欲望和需求是大致相同的，如果真的换了你，你就会有他那样的想法和感觉，尽管你也许不会像他那样去做。

谈论对方感兴趣的话题

谈论他人感兴趣的事情，是一种深刻了解别人，并与人愉快相处的方式，它与虚伪的恭维是两码事。

生活中，每个人的性格都不一样，同样，每个人的兴趣也不一样。生活中有这样一种人，他们专嗜揣测他人的意图，奉迎他人的喜好，以使自己做出讨人喜欢之举。当然这种人不值得效仿，但有一点对世人应有所启发：他们为何要奉迎他人？无非是有人喜欢他们如此。

有许多人，他们之所以被人认为谈话拙笨，就是因为他们只注意于谈他们自己感觉有趣味的事情。而这些事情，也许人家都感觉非常讨厌。如果把这方法反过来应用，你去引导别人开始谈他们所感兴趣的事情，例如关于他的成就，他擅长的运动等等，或者如果对方是一位已有孩子的母亲，你不妨跟她谈谈她的孩子。你这样的做法，会给予人家一种亲切的感受。即使你的谈话不多，你的谈话也将被人认作是成功的。

耶鲁大学教授费尔普早年就有过这种教训，他曾有过如下回忆：

"我8岁那年的一个周末，我去拜望我的姑母林慈莱，并在她家度假。那天晚上，一个中年人来访，他与姑母寒暄之后，便将注意力转移到我。当时，我正巧对船很感兴趣，而这位客人谈论的话题好多是关于船的，他的故事听起来似乎特别有趣。他走后，我向姑母热烈地称赞他，说他是一个多么好的人！对船是多么感兴趣！而我的姑母告诉我说，他是一位纽约的律师，其实他对有关船的知识毫无兴趣。但他为什么始终与我谈论船的事情呢？姑母告诉我：因为他是一位高尚的人。他见你对船感兴趣，所以就谈论能让你喜欢并感到愉悦的事情，同时也使他自己为人所欢迎。"费尔普说："我永远记住了我姑母的话。"

我认为，《美国》杂志的突然畅销，是使整个出版界惊天动地的一件事，而这完全是约翰·薛德尔主编一人的功绩。我与约翰·薛德尔曾有这样的一次会谈：

我初次和他见面的时候，他正在主编着《美国》杂志的"读者趣味"栏。我也曾替他写过几篇稿子。有一天，他坐下来和我谈了很长的话，他说："人们大都是自私的，他们所感觉到有兴趣的，主要的还是与他们自己有关的事物。他们不会注意到铁道是否应该收归国有，却极愿意知道应怎样向上爬，怎样使自己的身体更健康，怎样可以获得更多的薪金。如果我当了《美国》杂志的主编，我一定要告诉读者怎样去洁白他们的牙齿，怎样去沐浴，夏天怎样去乘凉，怎样去找寻职业，对付属员，购买地产，以及其他关于个人的一切。因为人生的故事，人们永远是听不厌的。所以，我打算请富人们来详细地讲述他们经营地产怎样地获得了百万元的财产，请社会上有地位的银行家以及一切大事业的成功者，都来述说一下他们怎样由艰苦而达到成功的故事。"

不久，薛德尔真的做了《美国》杂志的主编了，当时该杂志的销路并不广，因此他就照他所说的实行起来了。结果是销量得到了惊人的发展，它由30万至40万，50万，60万……不久就到了100万，不久又到了200万，最后是达到了250万。但未来的销量并不到此为止，一年年地在增加，这是因为薛德尔能够迎合读者自我趣味的缘故。

同样，诺斯克利夫博士被人询问到什么最能引起人们趣味的时候，他的回答是"他们自己"。事实确是如此，因为他是英国最富有的报纸大王，他能知道每个人的心理。人们对于自己的小事，比不论哪种重大的事都要关心。他对于自己刮脸的刀片钝了不能刮胡须的事，比在某处飞机失事的事件还要关心。他自己的脚趾肿痛，比在南美洲的大地震更重要。他听你谈他本身的得意事件，比听你谈历史上的一切伟大人物的事迹更为高兴。

一位军火商销售经理利用这一方法打动了一位很难说话的军政要员，获得了这位要员的欢迎和认可，也赢得了自己的合同。

曾经有个大军火公司想和一个国家做一笔大买卖，其他关节都已打通，但最后要经一位很难说话的政务要员的批准，这个任务落到了一个精明能干的销售经理身上，他在见面之前花了很多时间打听所有这位要员的情况。当他得知这位要员有收藏的爱好，而且还收藏了两件珍品的时候，他才自信地去拜见。见面后，经理很巧妙、很自然地把话题引到收藏上，顿时这位要员的谈兴就浓了起来。关键时候，经理提到了那两件珍品，这位要员竟然主动提出要让他亲眼见一见。在得意非凡地介绍过以后，要员才猛然醒悟似地问他：你来有何贵干？当经理直言不讳地说明来意后，这位要员毫不犹豫地签下了合同。

谈话时我们可曾注意到别人的兴趣？我们与人交往，可曾在这方面努力过？有些人天生应酬有术，这自然是可喜的。但如果不是天才的话，我们就需要学习了。当我们赴一个规模较大的宴会的时候，大家都会有一种不约而同的想法，就是最好避免和陌生的人同席，因为和熟人同席就有讲有笑，和陌生人就失去乐趣了。正如走进网球场而不想练球一样可笑，这种想法真正是逃避学习应酬的意识在作祟。在陌生人的宴会上主动与人谈话，是获得更多朋友的方法之一。在应酬学上，我们可以引用一个名词，说这是"努力学习应酬的表现"。只有想办法去认识更多的人，并使这些人都成为自己的朋友，才是人生真正的应酬方针。

你会说："我又不是打算在社交上大出风头，我只是脚踏实地，自己干自己的，有什么必要去认识太多的朋友呀？"如果你有这种想法，那么可以告诉你，马克·吐温也不是一个靠社交出风头的人，他的主要事业只是埋头著作，他只需要天才和更多的幽默感，然而，任何人都承认，马克·吐温是一个朋友最多，与朋友相处得最好的人，而且是位最具说服力的人。他曾说过："一个人，唯有可以和一个跟自己毫无利害关系的人都相处得十分有趣味，那才有真正的快乐。"因此，如果你要得到别人的欢迎，如果你想让对方对你产生兴趣，那就请记住与人沟通的秘诀：谈论对方感兴趣的话题。

维护对方的自尊

一般来说，人们对于自尊往往存有不容侵犯的保护意识，因此，一旦个人的自尊遭受侵犯或攻击时，即使对方过后表示歉意，恐怕也已无法弥补双方已损伤的关系。相反地，如果你能顾及对方的自尊，处处为对方的自尊着想，那么，对方必然会因此对你表示友好与感谢。

当大伙正在围桌谈笑时，有一个人讲了一个笑话，结果使得全场捧腹大笑，气氛十分欢乐。然而，在这些笑声还未平息之际，突然有另一个人说道："这的确是一则有趣的笑话，不过我在上个月的某本杂志中早就看过了。"

或许后者的目的在于表现其优越感，但他所获得的真正评价是什么呢？而那个当初讲笑话的人，此时的感受又如何呢？你可以体会得到。

大体而言，后者的行为仿佛掠夺者一般，因为他毫不顾及前者的立场，不留余地地夺走前者在众人心中建立的地位。而且此举对于前者而言，无异于使其颜面有损、意志消沉，甚至严重影响个人的自尊。至于那些在场的听众，相信既不会由于后者的强势作风而倾向后者，也不可能因此减损对前者的评价。

对人说话，一定不要损害对方的尊严。你对一个酒徒说着酗酒的不对，他自然也要起来为自己辩护，说着酗酒的好处。现在，我们来举一个例子。

斯塔基有一天请一位室内装饰家为他家里配置一些窗帷，当时不曾问明价钱，所以配置好以后送的账单，竟使他大大地吃惊，知道被敲了一个大竹杠，但也无可奈何。

过了几天，有一位朋友到他的家里，他看了窗帷，问起窗帷的价钱，不禁也惊异地说道："什么？要这么多钱，你上了一个大当。"是的，这位朋友说的是实话，但是，这种实话不会受到欢迎。因为每一个人都是一样，很少有人愿意去聆听别人批评他的错误的。所以斯塔基就和那个朋友辩论，他说，要买好的货物，终得要出昂贵的价钱，我们绝不可能用大减价的价钱买到精美的东西。这实在是一种违心话，不过为了要辩驳而不得不这么说。

过了一天，又有一位朋友到他家里，但是这位朋友便不同了，他竟对这窗帷大加赞美，并且还说愿意照这个样式也去置备一套。这种说法，使斯塔基的内心起了和前天不同的反应，竟自己说出自己上了当的真心话来。

其实，斯塔基这样的说法，并不是自相矛盾，实在是不甘受人批评的一种心理表现。因为一个人有了错误，常常会自己承认，如果对方说得巧妙婉转，那么犯了错误的人也会向别人承认错误的，而且他对这种坦白的承认，还会觉得是一件十分光荣的事。

富兰克林年轻时恃才傲物，有一天，一位老教友把他喊到一边，诚恳地对他说道："你常常逞着你自己的性情去攻击人家的错误，这是不对的。你的朋友，他们都感到你不在的时候是十分快乐的；因为，他们觉得你知道的较多，所以没有谁敢对你说话，怕被你反驳得哑口无言。这样，你将失去你的朋友，你将不会比现在知道得更多了；实际上，你知道的仅仅是一点而已。"

富兰克林听了这个教训，觉得自己如果不痛改前非，那他将被社会所摒弃，他的一切势必完全失败，所以他就定下了一条规矩，就是不用率直的言词来做肯定的论断。而且在措辞方面，竭力地避免去抵触他人。不久，他觉得这种改变了的态度有着很大的好处，和大家谈起话来愈来愈融洽，而且这种谦逊的态度，极易使人接受，即使自己有了说错的地方，也不会受到怎样的屈辱了。

爱说服别人的人总是一味地说出自己的意见，而对方只是"嗯！嗯！"地附和着，他便误以为对方已认同自己的意见。为什么会产生这种误会呢？因为太过于无视对方的存在，造成不了解对方心里真正想法、真实感受的窘境。

完全忽略对方的存在，只是单方面不断强迫他人接受，对于"说服他人"来说，是一种不尊重他人的表现，是很大的障碍。聪明的人知道与人沟通，并不只是单方面的。所谓的沟通，是与对方能够互相交换意见，所有的疑问、不满、问题，一个一个提出来解决，以达成共识。

有个汽车商曾把新式汽车一辆一辆送给一位英国人看，这个英国人不是嫌这个，就是嫌那个，又说价钱太贵。当时该车商正在一个进修班听讲，便在班上寻找帮助。

班上的同学及老师就劝车商不要勉强着卖给别人汽车，要让那位英国人自己来买。与其去告诉他应当做什么，不如让他告诉你应该怎样做，让他觉得那是他的意见。结果很好。

过了几天，有一位顾客想把一辆旧汽车换一辆新的，该车商就想到那个英国人也许愿意买这辆旧车。车商拿起电话筒，问那位英国人能不能特别赏光来公司提供一点高见。

等那位英国人来到之后，车商说道："你是一位买汽车的精明老手，深懂车的价值，你可否试一下这辆车子，告诉我它还值多少钱？"

那位英国人面上露出笑容来，有人向他请教了，有人承认他的能力了。于是他驾车跑了一刻钟，然后归来，他说："假如这辆车能以3万元成交就不吃亏！"车商当即问那位英国人，倘若3万元谈妥，你是否愿买。3万元？当然了。这是他自己的意见，他估的价。那次交易便轻易谈妥了。

佛里特银行董事长托马斯·多尔蒂说："平常对人的态度才是最重要的。每个人都希望被当作独特的个人。在我30年前加入银行界时已然是如此，且我相信即使100年后，这一点也是不会改变的。"多尔蒂先生认为其背后的原因是不言而喻的，那就是："因为我们都是人。"

多尔蒂认为："最重要的是对人的尊重。即使像问好或说声'谢谢'这样的小事，也是表示对人尊重。我认为创造出人们愿意努力工作的环境，本来就是管理者的职责。"只有当人们感受到被人尊重，并被当作一个独特的个体对待时，这种气氛才会出现。反之，如果人人只是一个冷冰冰的号码，就绝对不可能会有这种气氛。

在人际关系中，顾及他人的心态及立场，尊重他人的自尊，乃是相当重要的为人之道，也是与他人沟通、说服他人的不可或缺的要素之一。因此，你要促使别人与你合作，你要说服他人，就必须遵循说服的这一要诀：维护他人的自尊。

尊重对方的意见

苏格拉底曾告诉门徒："我唯一知道的，就是我不知道什么。"科学家伽利略也说过："你不能教人什么，你只能帮助他们去发现。"英国19世纪的政治家切斯特菲尔德爵士也一再告诉儿子说："要比别人聪明，但不要让他们知道。"

我们不可能比这些人更聪明，所以从现在开始，最好不要再指出人们有什么错。如果你认为有些人的话不对——不错，就算你确信他说错了——你最好还是这样讲："啊，慢着，我有另一个想法，不知对不对。假如我错了的话，希望你们帮我纠正……"

有一次我去访问著名的探险家、科学家史蒂文森。他在北极圈内生活了11年之久，其中6年除了食兽肉和清水之外别无他物。他告诉我他做过的一次实验，于是我就问他打算从该实验中证明什么。他回答说："科学家永远不会打算证明什么，他只打算发掘事实。"这样的回答令我终生难忘。

我们多数人都有武断、偏见、嫉妒、固执、恐惧、猜忌和傲慢的缺点。因此，如果你很想指出别人犯的错误时，请读一读詹姆士·哈维·罗宾森教授的《下决心的过程》一书中的话：

我们有时会在毫无理由的情形下突然改变自己的想法，但是如果有人说我们错了，反而会使我们迁怒对方，更固执己见。如果有人不同意我们的想法，我们反而会全心全意维护我们的想法。显然不是那些想法对我们珍贵，而是我们的自尊心受到了威胁……

"我的"这个简单的词，是做人处世的关系中最重要的。妥善运用这两个字才是智慧之源。我们不但不喜欢说我的表不准，或我的车太破旧，也讨厌别人纠正我们对火车的知识、水杨素的药效或亚述王沙冈一世生卒年月的错误……

我们愿意继续相信以往惯于相信的事，而如果我们所相信的事遭到了怀疑，我们就会找尽借口为自己的信念辩护。结果怎样呢？多数我们所谓的推理，变成找借口来继续相信我们早已相信的事物。

耶稣两千多年以前说过："尽快同意反对你的人。"在耶稣出生之前两千多年，埃及国王阿克图，给予他儿子一些忠告："谦虚一点，它可使你予求予取。"换句话说，不要跟你的顾客、配偶或反对者争辩，别老是指责对方错了，也不要刺激对方，而要运用一点技巧，讲究一点方法，来说服别人。

克洛里是纽约泰勒木材公司的推销员。他承认：多年来，他总尖刻地指责那些大发脾气的木材检验人员的错误，他也赢得了辩论，可这一点好处也没有。因为那些检验人员和"棒球裁判"一样，一旦判决下去，他们绝不肯更改。

在克洛里看来，他虽然在口舌上获胜，却使公司损失了成千上万的金钱。因此，在我的讲习班上课的时候，他决定改变这种习惯，不再抬杠了。下面是他在讲习班上的报告：

"有一天早上，我办公室的电话响了。一位愤怒的主顾在电话那头抱怨我们运去的一车木材完全不符合他们的要求。他的公司已经下令停止卸货，请我们立刻把木材运回去。在木材卸下25%后，他们的木材检验员报告说，55%的木材不合规格。在这种情况下，他们拒绝接受。

"挂了电话，我立刻去对方的工厂。在途中，我一直在思考着一个解决问题的最佳办法。通常，在那种情形下，我会以我的工作经验和知识来说服检验员。然而，我又想，还是把在课堂上学到的为人处世原则运用一番看看。

"到了工厂，我见购料主任和检验员正闷闷不乐，一副等着抬杠的姿态。我走到卸货的卡车前面，要他们继续卸货，让我看看木材的情况。我请检验员继续把不合格的木料挑出来，把合格的放到另一堆。

"看了一会，我才知道他们的检查太严格了，而且把检验规格也搞错了。那批木材是白松。虽然我知道那位检验员对硬木的知识很丰富，但检验白松却不够格，经验也不够，而白松碰巧是我最内行的。我能以此来指责对方检验员评定白松等级的方式吗？不能，绝对不能！我继续观看着，慢慢地开始问他某些木料不合格的理由是什么，我一点也没有暗示他检查错了。我强调，我向他请教是希望以后送货时，能确实满足他们公司的要求。

您先说您的意见。

"以一种非常友好而合作的语气请教，并且坚持把他们不满意的部分挑出来，使他们感到高兴。于是，我们之间剑拔弩张的气氛松弛消散了。偶尔，我小心地提问几句，让他自己觉得有些不能接受的木料可能是合格的，但是，我非常小心不让他认为我是有意为难他。

"他的整个态度渐渐地改变了。他最后向我承认，他对白松木的经验不多，而且问我有关白松木板的问题，我就对他解释为什么那些白松木板都是合格的，但是我仍然坚持：如果他们认为不合格，我们不要他收下。他终于到了每挑出一块不合格的木材就有一种罪过感的地步。最后他终于明白，错误在于他们自己没有指明他们所需要的是什么等级的木材。

"结果，在我走之后，他把卸下的木料又重新检验一遍，全部接受了，于是我们收到了一张全额支票。

"就这件事来说，讲究一点技巧，尽量控制自己对别人的指责，尊重别人的意见，就可以使我们的公司减少损失，而我们所获得的良好的关系，则非金钱所能衡量。"

如果你过于直率地指出别人的错误，再好的意见也不会被人接受，甚至会受到很大的排斥。你剥夺了别人的自尊，也让自己成为讨论中最不受欢迎的一部分。

尊重他人的意见，不去和别人作无所谓的争辩，处处同意着对方的主张。这样的态度，似乎是阿谀人家，有失自己的体面。实际，这并不是阿谀，因为阿谀是近于欺骗，虽然一时能够获得成功，但终究要归于失败的。比如，为了某种的势利关系，向人卑躬屈膝；或者，投人所好，使别人心满意足而给予某种的利益，这就叫作阿谀。

同意对方的主张，目的是避免无谓的争论。所以，如果你要获得与他人的高效沟通、说服他人，就得记住说服的一个重要原则：对别人的意见表示尊重。千万别说："你错了。"

第十一章

善于合作，成功的人背后都站着一个团队

别让自己成为一座孤岛

在这个世界上，你并不是孤零零的一个人，有许多人都能够为你提供帮助和支持。如果你懂得运用别人的学识、经验、能力及影响力，成功会来得更快且更有保证。

成功人士最大的个人资产就是"能够使别人乐于让使用他们的大脑"。"如果我把手中的一块钱，和你换一块钱，结果并没有比原来更好。但是如果我提出一个构想和你交换，就会有两倍的效果。团队合作可以无限累积精神的财富。"

两个人密切合作，互相支持，互补长短，一定会比单独一个人的成就更大。自由经济体系，最大的特点是结合群体的力量。但是，希望得到别人的帮助，你必须同等地付出，不能坐享其成。

爱迪生之所以成为伟大的发明家，应归功于他的组织能力，他能团结一群各有所长的人才，为一个共同的目标而努力。让我们用一个简单的例子来说明为何雇用他人能获得高价值。

假设，借由80/20法则，你的效率5倍于一般同业；又假定，你自立门户了，而且得到所有的价值。因此，你的成果最佳情况是平均的500%，比一般情形多400个单位的"剩余"。

但是，假设你能找到另外10名专业人才，每一个人都能立即（或受训后）达到3倍于平均的产出。他们能力不如你优秀，但仍能创造出远高于雇用成本的价值。再假设，你为了吸引或留住这些人才，而用超出行

情50%的薪水雇用他们，那么他们的个人产值是300个单位，而成本是150个单位。因此，你从每个员工所获得的"利润"或"剩余"是150个单位。雇用10个人，你除了获得自己创造的400个单位之外，还增加了1500个单位。所以你的总利润是1900个单位，几乎5倍于你雇用帮手之前的收入。

当然，你不是只能雇用10名员工而已，雇用多少员工，要看你能找到多少个可以增加剩余价值的员工，以及你有没有本事吸引顾客。通常，只要找到可以增加剩余价值的员工，也就不怕吸引不了顾客。因为找到能够创造超值的专业人员，就能找到市场。

很明显的，你应该只雇用能创造正面价值的人。亦即价值远超过雇用成本的人——但这并不是说你只能雇用能创造最好的、最大的剩余价值的员工，尽可能雇用能创造超值的人，2倍或5倍都行。在你的工作人员当中，仍可能出现80/20或70/30的分配。

最高的绝对剩余价值，也许与一个相当不平均的能力分布是共存的——你只要确定，在这些人当中，表现最不好的，也能产生比雇用他的成本还要高的产值。

人只要相互合作，一种开放的心态做好就有可能在与他的力量无法实有一句名人，会爬得孩子爬上了果

也会产生类似的效果。只要你以准备，只要你能包容他人，你人的协作中实现仅凭自己现的理想。

言："帮助别人往上爬的最高。"如果你帮助一个树，你因此也就得到了你想尝到的果实，而且你越是善于帮助别人，你尝到的果实就越多。

美国加利福尼亚大学查尔斯·卡费尔德对美国1500名取得了杰出成就的人物进行了调查和研究，发现这些杰出成就者有一些共同的特

点，其中之一就是与自己而不是与他人竞争。他们更注意的是如何提高自己的能力，而不是考虑怎样击败竞争者。事实上，对竞争者的能力（可能是优势）的担心，往往导致自己击败自己。多数成就优秀的创富者关心的是按照自己的标准尽力工作，如果他们的眼睛只盯着竞争者，那就不一定取得好成绩。

同样大的一块儿蛋糕，分的人越多，自然每个人分到的就越少。如果这样斤斤计较，我们就会相信享受财富的哲学，我们就会去争抢食物。但是如果我们是在联手制作蛋糕，那么，只要蛋糕能不断地往大处做，我们就不会为眼下分到的蛋糕太小而倍感不平了。

因为我们知道，蛋糕还在不断做大，眼前少一块儿，随后随时可以再弥补过来。而且，只要联合起来，把蛋糕做大了，根本不用发愁能否分到蛋糕。

伊利诺伊州的劳依兹·威克是一位机械工程师，他有一套建造油箱的独门方法，但是欠缺经费。他的合伙人是一位成功的牙医，没有威克的工程技术，但拥有可观的积蓄。两个人各尽所能，共同合作一项事业，每个月都净赚数千美元的利润。

在一个晚上，亨利·福特巡视工厂，他停下来和一位扫地的员工闲聊。

"工作还愉快吗？"福特问。

"还好，"这位员工说，"但是你把这些铁屑卖掉，分一部分钱给我，而不是扔掉，我会更高兴。"

福特立刻采用他的构想，第二天就开始执行，不但为公司节省了一大笔钱，同时也让这位员工得到升迁。

合作就是个人或群体相互之间为达到某一确定目标，彼此通过协调作用而形成的联合行动。合作具有无限的潜力，因为它集结的是大家的智慧和力量；竞争的所得是有限的，因为它激发的是个人或少数人的力量。

需要注意的是，合作的参加者须有共同的目标、相近的认识、协调的互动、一定的信用，才能使合作达到预期的效果。在合作中双方的目标是共同的，所取得的成果也是共享的。

每个人都扪心自问：你需要什么才能成功？谁拥有这项资源？你能提供什么作为回报？你拥有的或许恰恰是对方欠缺的。若如此，你们可以交换资源，达成合作，让彼此的奋斗更轻松。

合作才能共赢

合作是指两个或两个以上的个体为了实现共同目标或者共同利益，而自愿地结合在一起，通过相互之间言语和行为的配合与协调，从而实现共同目标，最终个人利益也获得满足的一种交往活动。大凡明智的人都懂得联合起来改变自己的命运，协作思考，1+1>2，这样明显的道理，一旦被掌握和运用，就能产生巨大的推动力，让应用它的人获得成功。

史蒂芬是一位演员，刚刚在电视上崭露头角。他英俊潇洒，很有天赋，演技也很好，开始扮演小配角，现在已成为主要角色演员。从职业上看，他需要有人为他包装和宣传以扩大名声。因此他需要一个公共关系公司为他在各种报纸杂志上刊登他的照片和有关他的文章，增加他的知名度。

不过，要建立这样的公司，史蒂芬拿不出那么多钱来。偶然一次机会，他遇上了Rose。Rose曾经在一家最大的公共关系公司工作了好多年，她不仅熟知业务，而且也有较好的人缘。几个月前，她自己开办了一家公关公司，并希望最终能够打入公共娱乐领域。到目前为止，一些比较出名的演员、歌星、夜总会的表演者都不愿同她合作，她的生意主要还只是靠一些小买卖和零售商店。当史蒂芬把他的想法告诉Rose后，Rose与他一拍即合，与他联合干了起来。

史蒂芬成了Rose的代理人，而她则为他提供出头露面所需要的经费。他们的合作达到了最佳境界，史蒂芬是一名英俊的演员，并正在时下的电视剧中出现，Rose便让一些较有影响的报纸和杂志把眼睛盯在他身上。这样一来，她自己也变得出名了，并很快为一些有名望的人提供了社交娱乐服务，他们付给她很高的报酬。而史蒂芬不仅不必为自己的知名度花大笔的钱，而且随着名声的增长，也使自己在业务活动中处于一种更有利的地位。

合作是件快乐的事情，有些事情人们只有互相合作才能做成。史蒂芬和Rose通过彼此合作，弥补了个人能力的不足，最终促成了双方利益的共赢。一个出色的球队，并不是几个大腕球星就能支撑起来的，取得好的成绩还需要整个团队的合作，一个好的教练……一堆沙子是松散的，可是它和水泥、石子、水混合后，却比花岗岩还坚硬。所以说，我们每个人在学习和工作的过程中，要保持合作的意识。只有懂得合作，才能取得更大的成绩。

如何培养合作意识？需要从下面3方面做起：

1.要在思想里有自主合作的意识

合作意识是个人意愿、感觉、情感、思维等过程的心理总和，主体意识、情感意识、参与意识是合作的重要因素，如果合作有意义，个人的行为、成功与荣耀与集体息息相关，个人成功与团体的成功同样重要时，个人就会意识到合作的价值。

独木难成林，一个人的力量总是有限的，即使像诸葛亮一样的人物，失去了精兵良将，也只能提着心唱空城计，六出祁山的结果只能是"运移汉祚终难复"。

所以说，合作就要有合作的意识，要有合作的态度，不能依仗着自己的能力，演绎单枪匹马的个人英雄主义，而轻视团体中其他人的作用。

2.寻找可以互补的合作者

水桶的容积不取决于最长的木板，而被最短的木板限定。合作也是如此，一个团体能够取得多大的成绩，也决定于最弱的那个环节。所以说，我们在选择合作伙伴的时候，一定要请与自己能互补的朋友参加。合作像是齿轮组，互相咬合在一起才能彼此带动，如果只是平摆浮搁地叠加，合作本身的内聚力就发挥不出来，效果也会大打折扣。

然而，能力互补并不意味着互相取代。有一对青少年朋友，他们一个生活自理能力强，学习自励能力弱，另一个正好相反。他们交上朋友后决定展开"合作"。于是，他们"无私互助"，一个专门负责解决生活自理的难题，另一个则专门解决学习中的疑难。结果，他们短时间内确实心舒气爽，可是时间一长却难题成堆。生活自理能力差的更差了；学习自励精神低下的也变得更低下了。

合作是一个共同提高的过程，并不是简单置换的闹剧。我们只有从合作伙伴身上找到自己的弱点，并弥补弱点，才能提高自身生存的本能，合作才会变得有意义。

3.重视与合作伙伴沟通

一个人的思维是有限的，集思广益才是合作的精髓。我们在合作的过程中，要敢于发表自己的意见，也要虚心听取他人的想法。只有这样，才能将大家的力量集在一起，战胜我们面前共同的困难。

善于合作是一个人谋求发展的永恒主题，要有心与人合作，善假于物，那就要取人之长，补己之短，而且能互惠互利，让合作的双方都能从中受益。

懂得与人分享

与人合作最重要的一条原则是：与人分享，不管是快乐还是痛苦。因为与人分享，可以增进彼此间的感情，更好地进行交流合作。

成功人士们都遵循这样一条规则：把痛苦分享出去，那么你就可以为自己留下一半的痛苦；将快乐分享出去，那么别人就可以分享你所赠予的翻倍的快乐。这不是纯粹的数学问题，而是杰出人士所特有的对人生的认识问题，也是他们为人际沟通领域所创造的不可多得的财富。

每当成功人士由于各种原因引起情绪上的波动，或精神上的抑郁，或胸中忧愤，或食物积滞时，他们选择找一个贴心的朋友，有时甚至是自己的敌人倾诉心中的抑郁。而那个被寻找的人，也会因为自己在这种关键时刻的出现而感到自豪，从而改变或是增进两个人之间的情谊。

军事家拿破仑，有一次找来总是与自己意见不一致的一个高层军官。那军官抱着再次争吵的打算出现了。

出乎他的意料的事，拿破仑只是让他当了一回听众。他向那位军官抱怨自己在会议中所忍受的怒气，抱怨自己时常很糟糕的运气。他的做法，让军官觉得自己是拿破仑的朋友。而事实上，后来他们也真的成了朋友。

与他人分享自己的痛苦，会给对方一种信任的感觉。每一个人在潜意识当中，都有一种成为一个强者的欲望，而分享他人的痛苦，正可以迎合这种欲望。所以告诉他们自己的痛苦，不仅仅是成功人士排解自己心中苦闷的有效方式，同时也是他们加强沟通的良好途径。

同样，让他人了解自己的喜悦，更是加强人际关系的有效途径。成功人士，在拥有某种自己感到愉悦的收获的时候，总是喜欢告诉关心自己的或是自己关心的人。由此分享意味着距离的靠近，感情的加深，交流的增进。

约翰是美国休斯敦地区的一个小学生。在他家附近，住着一对老夫妇。小约翰早上每天上学都能看见这对老夫妇孤单的身影，虽然他们的衣着都非常整洁，但是可以看出，无论是衣服的样式还是布料，都已经有很多年头了。老夫妇的身体都不好，而且妻子还双目失明，下肢瘫痪，每天只能坐在轮椅上，由她的丈夫照顾。

因此，小约翰决定做一点什么，帮助这对老夫妇，也让他们能够感受到生活的快乐。为此，小约翰进行了精心的准备。在一年一度的圣诞节到来的前夕，征得父母的同意之后，小约翰很郑重地来到商店，用自己所攒的零花钱买了一棵非常漂亮的圣诞树，然后把它拿回家，精心地装饰了一番，又去商店买了一些礼物，在圣诞节前夜送到了那对老夫妇家里。

因为小约翰一直有一个心愿：自己的每一个圣诞节都非常快乐，所以他希望自己能够和老人一起分享这个美丽的圣诞节，让老人也分享到自己的快乐。

当两位孤独的老人收到小约翰送去的礼物时，竟然感动得哭了起来。因为他们已经很多年没有欣赏过圣诞树了，也很久没有体会到被别人关心的快乐了。

为了让老人能够真正地快乐起来，从那以后，小约翰经常在每个星期都抽出时间去拜访他们，为他们修剪草坪，或者浇浇花、剪剪枝。每一次拜访，这对老夫妇都会提到那棵圣诞树，提到那个愉快的充满温馨的圣诞节。

对小约翰来说，他所做的仅仅是一件小事，但他从中收获的快乐，却是十分充足和珍贵的。正是由于小约翰的友好，使两位原本寂寞孤独的老人再次获得了快乐与幸福。

所以，年轻人一定要培养分享的意识，因为如果你凡事都自私自利，斤斤计较，那么你就难以和其他人友好相处，也就谈不上进行有效的合作了。只有你学会了分享，你也就打开了自己内心始终关闭着的那扇大门，你也就学会了接纳别人，别人也就更容易接纳你。

善用别人的力量

钢铁大王安德鲁·卡内基曾经亲自预先写好他的墓志铭："长眠于此地的人懂得在他的事业过程中起用比他自己更优秀的人。"

善于观察别人，并能够吸引一批才识过人的良朋好友来合作，激发共同的力量，这是成功者最重要的、也是最宝贵的经验。

卡内基曾说过："即使将我所有工厂、设备、市场和资金全部夺去，但只要保留我的技术人员和组织人员，四年之后，我将仍然是'钢铁大王'。"卡内基之所以如此自信，就是因为他能有效地发挥人才的价值，善于用那些比他更强的人。

卡内基虽然被称为"钢铁大王"，但他却是一个对冶金技术一窍不通的门外汉，他的成功完全是因为他卓越的识人和用人才能——总能找到精通冶金工业技术、擅长发明创造的人才为他服务。比如说任用齐瓦勃。

齐瓦勃是一名很优秀的人才，他本来只是卡内基钢铁公司下属的布拉德钢铁厂的一名工程师。当卡内基知道齐瓦勃有超人的工作热情和杰出的管理才能后，马上提拔他当上了布拉德钢铁厂的厂长。正因为有了齐瓦勃管理下的这个工厂，卡内基才敢说："什么时候我想占领市场，什么时候市场就是我的。因为我能造出又便宜又好的钢材。"

几年后，表现出众的齐瓦勃又被任命为卡内基钢铁公司的董事长，成了卡内基钢铁公司的灵魂人物。齐瓦勃担任董事长的第七年，当时控制着美国铁路命脉的大财阀摩根提出与卡内基联合经营钢铁，并放出风声说，如果卡内基拒绝，他就找当时位居美国钢铁业第二位的贝斯列赫姆钢铁公司合作。

面对这样的压力，卡内基要求齐瓦勃按一份清单上的条件去与摩根谈联合的事宜。齐瓦勃看过清单后，果断地对卡内基说："按这些条件去谈，摩根肯定乐于接受，但你将损失一大笔钱，看来你对这件事没我调查的详细。"

经过齐瓦勃的分析，卡内基承认自己过高估计了摩根，于是全权委托齐瓦勃与摩根谈判，事实证明，这次谈判取得了对卡内基有绝对优势的联合条件。

到20世纪初，卡内基钢铁公司已经成为当时世界上最大的钢铁企业。卡内基是公司最大的股东，但他并不担任董事长、总经理之类的职务。他要做的就是发现并任用一批懂技术、懂管理的杰出人才为他工作。

任何人如果想成为一个领袖，或者在某项事业上获得巨大的成功，首要的条件是要有一种鉴别人才的眼光，能够识别出他人的优点，并在自己的事业道路上利用他们的这些优点。

一位商界著名人物、也是银行界的领袖曾这样说："我的成功得益于鉴别人才的眼力。"这种眼力使得他能把每一个职员都安排到恰当的位置上，而且从来没有出过差错。不仅如此，他还努力使员工们知道他们所担任的位置对于整个事业的重大意义。

这样一来，这些员工无须监督，就能把事情办得有条有理、十分妥当。但是，鉴别人才的眼力并非人人都有。许多经营大事业失败的人都是因为他们缺乏别识人才的眼力，他们常常把工作分派给不恰当的人去做。

世上成千上万的经商失败者，都因为他们把许多不适宜的工作加在雇员的肩上，而不去管他们是否能够胜任，是否感到愉快。

一个善于用人、善于安排工作的人就会在管理上省许多麻烦。他对于每个雇员的特长都了解得很清楚，也尽力做到把他们安排在最恰当的位置上。但那些不善于管理的人往往忽视这种重要的方面，而总是考虑管理上一些鸡毛蒜皮的小事，这样的人当然要失败。

很多精明能干的总经理、大主管在办公室的时间很少，常常在外旅行或出去打球。但他们公司的经营丝毫未受不利的影响，公司的业务仍然像时钟的发条机制一样有条不紊地进行着。那么，他们如何能做到这样呢？他们有什么管理秘诀呢？——没有别的秘诀，只有一条：他们善于把恰当的工作分配给最恰当的人。

借用别人的力量，才能使力量聚合，产生更大的能量，才能更容易成功。

我们每个人都要记住这一点。

让对方感到他很重要

人的行为有一项绝对重要的定律，如果我们遵守这项定律，差不多永远不会遇到烦忧。事实上，如果遵守这项定律，会替我们带来无数的朋友，和永久的快乐。可是如果违反了这项定律，我们就会遭到无数的困难。这项定律是：永远使别人感觉重要。

杜威教授曾这样说过："自重的欲望，是人们天性中最急切的要求。"贾姆斯博士说："人们天性的至深本质，是渴求为人所重视。"你想要跟你接触的人都赞同你，你想要别人承认你的价值，你想要在你的小世界里，有一种自重感。你不希望受到没有价值、不真诚的阿谀，你渴求真诚的赞赏。你希望你的朋友，就像司华伯所说的，"诚于嘉许，宽于称道"。所有的人都需要这些。所以让我们遵守这条金科玉律以希望别人所给我的，而去给别人。

许多事业上卓有成就的人成功的原因是他懂得驭人之术。而其中最重要的一点，也即最有效的一点就是：让别人感到自己很重要。因为每个人都想获得来自他人的尊重，得到别人的重视。那么，你就不妨满足他这个需要。有这样一个故事：

在纽约的33号街8号路的邮局里，依次排列等着要发一封挂号信，我发现里面那个邮务员，对他的工作显得很苦恼：称信的重量，递出邮票，找给零钱，分发收据，这样单调地工作，一年接一年地持续下去。

所以我对自己说："我过去试一试要让那个人喜欢我，我必须要说些有趣的事，那是关于他的，不是我的。"于是我又问自己："他有什么地方可以值得赞赏的？"这是个很不容易找出答案的难题，尤其对方是个素昧平生的陌生人。可是很容易的，我有了一个发现，我从这邮务员身上，找出一桩值得称赞的事了。当他称我的信时，我很热忱地说："我真希望有你这样一头好头发！"那邮务员把头抬了起来，他的脸色神情，从惊讶中换出一副笑容来，很客气地说："没有以前那样好了！"我很确切地告诉他或许没有过去的光泽，不过现在看来，依然很美观。他非常高兴，我们愉快地谈了几句，最后他对我这样说："许多人都称赞过我的头发。"我敢打赌，那位邮务员中午下班去吃午饭的时候，他的脚步就像腾云驾雾般地轻松。晚上回到家里，他会跟太太提到这事，而且还会对着镜子说："嗯，我的头发确实不错。"

这个故事给我们的启示是：如果我们是那样的卑贱自私，不从别人身上得到什么，就不愿意分给别人一点快乐，假如我们的气量比一个酸苹果还小，那我们所要遭遇到的，也绝对是失败。如果确实想要从那人身上得到些什么，那就获得一些极贵重的东西——使自己感觉到，自己替他做了一件不需要他报答的事。那件事，即使过了很久，但在他回忆中，依然闪耀出光芒来。

罗斯福也是一位懂得使别人感到被重视的人。只要是去牡蛎湾拜访过罗斯福的人，无不为他那博大精深的学识所折服。不管对方从事多么重要或卑微的工作，也不管对方有着什么样显赫或低下的地位，罗斯福和他们的谈话总能进行得非常顺利。

也许你会感到十分疑惑，其实不难回答，每当他要接见某人时，他都会利用前一天晚上的时间仔细研读对方的个人资料，以充分了解对方的兴趣所在，从而投其所好。这样精心准备怎能不使会面皆大欢喜呢！

贵为总统尚且如此，凡人为何不肯承认别人的重要？所以，要使别人喜欢你，原则上是要拿对方感兴趣之事当话题，让他感觉到自己的重要。在满足别人的自重感之后，很多事情都迎刃而解了。

一位X光仪器制造商，运用同样的技巧，把一批机械仪表，卖给勃洛克林市的一家大医院，获得一笔很高的利润。

这家医院准备扩充一个新的部门，要设置一套最好的X光仪器，这事由一位L医生负责，他被那些推销员包围了，谁都说他自己的东西是最好的。可是其中有一位制造商比较精明能干，懂得待人处世的技巧，他写了一封信给那家医院的L医生。这封信的内容是这样的：

"敝厂最近新推出了一套X光检验仪器，这种仪器的第一批货已运到我们的办事处，可是不敢说已经十分完善，我们很想再加以改良。所以如果您能抽个时间，来我们这里参观一次，并告诉我们如何才能使其更适合你们事业上的应用，我们非常感激。我知道您平时工作繁忙，请您告诉我您指定的时间，我很乐意派车来接您。"

L医生接到那封信后，感到很惊讶，出乎意料，但也很高兴。从来没有X光仪器制造商，会征求他的意见，这次使他觉得受人重视，而且感到很光荣。那一个星期，他每天晚上都很忙，可是他还是取消了一个约会，特地去看那套新的仪器。当时他愈看，心里愈喜欢。没有任何人强迫他买，他觉得替医院购进那套仪器，完全是他的意思，他认为那套仪器很好，就决定买下来了。

在什么时候才能让对方感受到被重视呢？答案是：随时随地都可以。譬如，你在餐厅点的是咖啡，可是，服务员端来的却是牛奶，你就说："太麻烦您了，我点的是咖啡。"她一定会这么回答："不，不麻烦。"而且会愉快地把你点的咖啡端来。因为你已经表现出了对她的尊敬和重视。

用真诚的心去感激别人，就会拉近心与心的距离，形成一个良好的人际关系。在通常情况下，人们内心所想的东西，即使不用嘴说出来，不用笔写出来，也会被对方觉察体会出来。假如你对对方有厌恶之情，尽管你没有说出来，但是由于你这种心理的支配，你多少会露出一些"蛛丝马迹"，被对方捕捉住，或被对方体察出来，不久，他对你也会产生坏印象的。这跟照镜子是一样的道理，你对它皱眉头它也对你皱眉头，你对它露出笑脸，它也还你一张同样的笑脸。同样地，如果我们怀着一颗真诚的心去尊重对方，感激对方，对方也会同样从内心感激你，用心回报你。

加油！加油！

第十二章

领导艺术，成功者不可或缺的素质

信任你的下属

"用人不疑"是建立在自己用人才之前的判定、考核基础上。不用则罢，既用之则信任之。领导只有充分信任部属，大胆放手让其工作，才能使下属产生强烈的责任感和自信心，从而激发下属的积极性、主动性和创造性。所以说，对于一个管理者来讲，一旦决定某人担任某一方面的负责人后，信任其在这一工作中的能力就成为一种有力的激励手段，其作用是非常大的。

不难想象，既使用别人，又怀疑他、对其不放心，是一种什么局面。试想一下，在一个公司里，如果下属得不到最起码的信任，其精神状态、工作干劲会怎样？又比如，公司职员情绪欠佳、精神沉郁、怨愤丛生，上下级关系怎么能融洽？这种彼此生疑生怨的状况，如果得不到很好的解决，常常是造成企业或一个公司瘫痪的主要根源。

信任下属，实际上也是对下属的爱护和支持。特别是对于担当生产、销售、试验、拓展、探索者角色的下属而言，容易受人非议或蒙受一些流言蜚语的攻击。那些敢于直面领导错误，提建议、意见的，那些工作勤勉努力、犯了错误并努力改正的，领导的信任是其最后的精神支柱，柱倒而屋倾，在此种状态下，领导者切不可轻易动摇对他们的信任。

作为管理者，不仅要对你下属充分信任，而且还对他们坦诚相待。如果出现变故及不利因素，有话要说在当面，不要在背后议论下属的短处；对下属的误解应及时消除，以免积累成真、积重难返。有了错误要指出来，是帮助式的而不是指责式的，相信你的下属不是傻子，好意歹意心中自明。总之，与下属经常保持思想交流非常重要。

说到信任问题，其实它是两个彼此相处的人应该具有的一个基本的和必要的要素。两个陌生的人在一起，彼此防范，没有什么信任。而一旦人们通过某种渠道互相认识熟悉后，彼此渴望的就是一种信任。

互相看不惯的人很难有信任可言。嫌隙的存在是关系恶化的起端，离自己越近越亲的人，你应该给他越多的信任。对朋友，应该推心置腹。在一个企业里，副经理、部门经理之于总经理，一般职员之于部门主管，可称为手足或臂膀，理应得到很多的信任。如果你不给他们信任或给他们的信任不够多，都会影响到他们的工作。这就好比在家庭生活中，夫妻关系应该说是再好不过了，但如果你不给对方最多的、最大限度的信任，家庭生活也不会和睦。

要谨慎对待各方面反映的情况，不因少数人的流言蜚语而左右摇摆，不因下属的小节而生疑，更不宜捕风捉影、无端地怀疑。在信任的程度上，也应该是离自己最近的、最亲的，给予更多的信任，更广泛的、更高质量的信任；因为他们非常需要，你一定要记住这一点。

一家电器公司的总经理用人的原则之一就是用则不疑。电器公司在创业初期就以价廉物美的产品名扬四方，就是他在博采众家之长基础上加以创新而成。一般说来，在商品竞争激烈的情况下，发明者对技术都是守口如瓶、视为珍宝，最多只透露给亲友或者家人。但是，他却十分坦率地将秘密技术教给有培养前途的部属。曾有人告诫他："把这么重要的秘密技术都捅出去，当心砸了自己的锅。"但他却满不在乎地回答："用人的关键在于信赖，这种事无关紧要。如果对同僚处处设防、半心半意，反而会损害事业的发展。"

当然，公司也发生过本公司职工"倒戈"的事件，但是总经理坚持认为：要得心应手地用人，促使事业的发展，就必须信任到底，委以全权，使其尽量施展才能。这是他根据自己的亲身体验而建立的人生观和经营哲学。

用而不疑，是一条重要的用人原则。当然，这条原则是与疑则不用的用人原则联系在一起的。这包括在思想上、道德品质上有疑点的人和在能力上不能胜任的人。总之一句话：凡是经过考察、认真研究，觉得不可信任之人，则一定不要用。如果失之斟酌、盲目错用，就会自食恶果。对于人才一旦委以重任，就要推心置腹、充分信任、大胆放权、绝不干预。领导者对人才只有信任，才能放手让人才独立自主地行使职权；只有人才有了独立自主的地位，方可充分发挥其各种才能；只有信任，才能使得人才忠心不渝地献身事业。

现在人们常说的一句话：企业竞争的制高点是人才，而用人不疑是发挥人才作用的重要原则。用则不疑起码要做到3点：

1.相信受任者能完成任务

对于任何任务，管理者在选人时要三思而后行，但一旦确定人选，就不要轻易地更换。千万不可一方面让其担当某项重任或参与某项工作，另一方面又怀疑其完成任务的能力。

管理者只要把某项工作任务交给有关人员后，一定要相信他们能够完成任务。当然，对他们提出明确的目标要求，实行一定的监督检查，进行适当的指导帮助，都是应该的。而这一切都是为了帮助他们更好地完成任务，绝不是干扰、妨碍他们的工作，束缚他们的手脚。即使受任者的能力略低一些，也不可疑首疑尾。

首先，这种略超于能力的使用，使人才处于"超载"的工作状况中，产生不适应感和奋力向上的紧迫感，才能为完成上司交给的任务最大限度地发挥自己的才能和潜力。这有利于人才的培养和事业的发展。其次，让人才早担重任，在实际工作中摔打、锻炼和成长，就能使其在实践中不断提高工作能力。

2.相信成员对组织的忠心

团体成员之间应精诚团结，同心同德，为完成共同的目标而奋斗。尤其是管理者对待下属，更要以诚相待，切忌满腹狐疑、互相猜忌。

3.给受挫者成功的机会

世间任何人的经历都不会一帆风顺，人在孩提时学走路摔跤、游泳员学游泳时呛几口水，都是常事。在完成任务的过程中，由于种种意想不到的原因，受任者任务完成得不好，或出现了失误，管理者一定不要大惊小怪。失误了只要正确对待，帮助他认真总结经验教训，下属必然产生有负上司重托的自责感和将功补过的决心，势必为今后的工作开展打下良好的基础。

受挫者受挫的原因是多方面的，主观的、客观的，有时还有管理者决策指挥的原因。如果一出现失误，管理者对受挫者只是一味地指责、埋怨、批评、训斥，不给丝毫的温暖和善意的帮助，就会冷了下属的心，甚至会激化演变为敌对情绪和叛逆心理。

你需要赢得下属爱戴

被下属爱戴是实现卓有成效管理的基础。管理者作为组织领袖，管理对象就是下属，如果不受下属敬重，布置任务时就会遭到不同形式的抵触，致使团队执行力低下，影响既定目标的实现。要想成为被下属爱戴的人，管理者需要做到以下6点：

1.不要当众批评下属

有的管理者喜欢在公众场合批评下属，以为这样做能够增强自己的权威，事实上是适得其反的。因为企业是一个整体，整体协调一致，是每一个成员的事；整体不够和谐，管理者有着不可推卸的责任。

因此，必须尽可能地支持成员工作，维护其威信。即使成员因工作失误做检讨时，管理者也应坦诚地表态，承担自己应负的责任。这样做不仅不会丢面子，反而会提高自己在成员中的声望，而且肯定会进一步加深与成员之间的感情。

2.学会宽容

没有故意犯错的员工，只有不会宽容的领导。宽容下属的过错，就能赢得感恩。

鲍勃·胡佛是个有名的试飞驾驶员，一次，他从圣地亚哥表演完后，准备飞回洛杉矶。倒霉的是飞行时，刚好有两个引擎同时出现故障。幸亏他反应灵敏，控制得当，飞机才得以降落，胡佛在紧急降落以后，第一个工作就是检查飞机用油。不出所料，那架第二次世界大战的螺旋桨飞机，装的是喷气机用油。

回到机场，胡佛见到那位负责保养的机械工。机械工早已为自己犯下的错误而痛苦不堪，眼泪沿着面颊流下。你可以想象胡佛当时的愤怒，然而，胡佛并没有责备那个机械工人，只是伸出手，拍了拍工人的肩膀说："为证明你不再犯错，你明天帮我修护我的飞机。"

错误已经发生了，最好的方法不是责怪，而是鼓励其下次不再犯同样的错误。

3.要多商议、少命令

研究工作时尽量采用协商的口吻，充分听取团队成员的意见。一般情况下，最好先让成员提出如何开展他负责的那部分工作的方案意见，在商议过程中以"支持""补充""强调"几点意见的方式将自己的意图融进去形成最后方案。这样在贯彻方案时成员的积极性会更高。

对于看法不一致的问题，若非迫不及待，不要强行拍板，宁可暂时放一放，进一步酝酿酝酿，下次再议。千万不要勉强成员去做力所不能及的事情，否则可能会贻误全局。

4.要充分信任，大胆授权

团队管理者要相信成员已经具备较高的成熟度，能够独当一面，完全胜任自己的工作。因此，凡是成员职权范围内的事，平时不要过问得太细，更不要直接插手指挥，切忌未经通气就随意变更成员已做的工作安排。

这样做的好处是：一是表示对成员的尊重，有利于建立正常的工作秩序；二是可以激发成员的责任感和成就欲，有利于锻炼和提高成员的信心和能力；三是使自己摆脱了日常事务，可以集中精力去思考战略性的问题或处理那些别人无法代替的"例外"事情。

反之，若揽权过多，事必躬亲，则能力强的成员会感到不被信任，产生多余感或怀才不遇感，严重挫伤其积极性；能力弱的或思想上较懒的成员会滋长依赖心理，不动脑筋，事事请示，使团队管理者整天陷于具体事务中，没有时间思考大事。这样，表面上管理者的权威似乎很高，实际上工作效率极低，团队的整体素质也无法提高，而且往往出了问题其他人都不负责任，自己多花力气反落埋怨。

5.善于鼓励下属创造更好的成绩

1921年，当查尔斯·史考伯成为美国钢铁公司的第一任总裁时，他就得到了100万美元的年薪，史考伯说他得到这么多的薪水，主要是因为他跟别人相处的本领。"我认为，我那能把员工鼓舞起来的能力，是我拥有的最大资产，而使一个人发挥最大能力的方法，就是赞赏和鼓励！"

他说，"再没有比上司的批评更能抹杀一个人的雄心。我从来不批评任何人。我赞成鼓励别人工作，因此我乐于称赞，讨厌挑错。应当找出下属的优点，给他们诚实而真挚的赞美。他们必定会咀嚼你的话语，把它们视为珍宝，一辈子都在重述它们——即使你忘了他们之后，也许他们还在重复着。所以请记住这条原则：热情、真心的赞美下属，欣赏下属。"

6.要时刻给予成员一种"安全感"

在正常的工作中，要放手让成员充分施展自己的才华，即使出现失误或问题，对他批评帮助后，仍然要给他支持和信任。好的团队管理者总是给人以机会，使一时的错误和失败不至于使人灰心丧气，并能将其转化为改进工作、弥补损失的动力。至于成员为促进发展而在自己主管的部门推行某些改革措施一时不被多数人理解而遭到指责时，管理者更应当旗帜鲜明地站出来表态并分担部分责任，帮助成员摆脱困境，增强其勇于开拓的信心。

管理者是团队的核心人物，在团队管理中起主导作用。管理者要成为团队的模范、沟通的核心，协调的表率。在工作中要敢于拍板，甘愿接受监督；既要统一指挥，又要尊重民意。只有成为被下属爱戴的人，管理者才能真正被下属所接受、认可和敬重，管理才能获得真正的高效。

擅于使用对方熟悉的语言

当我们对木匠说话时，我们需要使用木匠的行话。正如人不能听到一定频率以上的声音那样，人的知觉也不能知觉到超过其知觉范围以外的事物。当然，从物理上讲，他可以听到或看到，但不能接受，不能成为信息交流。因此，要想取得高品质沟通，就需要使用通俗的语言。

托尔斯泰说："真正的艺术永远是十分朴素的，几乎可以用手触摸到似的。"演说语言要力求通俗化，口语化，如不考虑听者的接受能力，用那种文绉绉、酸溜溜的语言就既不亲切，又艰涩难懂，往往事与愿违，弄得不好，还会闹成笑话。

通过简化语言并注意使用与对方一致的言语方式可以提高理解效果。比如、医院的管理者在沟通时应尽量使用清晰易懂的词汇，并且对医务人员传递信息时所用的语言应和对办公室工作人员不同。在所有的人都理解其意义的群体内的行话会使沟通十分便利，但在本群体之外使用行话则会造成沟通问题。因此管理者不仅需要简化语言，还要考虑到信息所指向的听众，以使所用的语言适合于对方。

另外还要积极坦诚的沟通态度。开诚相见、坦率谈论的态度，能使双方倍感亲切、自然，易于接受各自的观点和看法。如果虚情假意、阳奉阴违，就会造成"话不投机半句多"的尴尬局面。所以，交谈中一定要注意，不要装腔作势、言不由衷，更不要在对方面前吹嘘自己或玩弄是非，这些都是有碍创造和谐谈话气氛的有害因素。

对于管理者而言，学会使用对方的语言，用对方熟悉的术语、习语和沟通方式进行沟通，极其利于提升沟通的品质。"你必须以对方的语言来说话。如果你对双方都有所了解，才会沟通顺利。"德国著名剧作家华格纳说，"除了留心你的声音听起来如何，还要注意你所使用的字眼。如果你是个大量使用词语的人，要当心并非每一个人都听得懂，而且可能很多人会觉得枯燥无味——即使他们同意你所说的主题。"

赖特是一家美资企业的雇员，被派到印度分公司担任制造部门经理。他一来就对制造部门进行改造。但很快他就发现现场的数据很难及时反馈上来，于是决定从生产报表上开始强化。借鉴母公司的经验，他设计了一份非常完美的生产报表。报表发下去后，每天早上，工人们将各项生产数据填好后将报表汇总给赖特。他很高兴，认为他拿到了生产的第一手数据。但是没有过几天，出现了一次大的品质事故，但这次事故居然在报表上没有丝毫征兆，经过调查，他发现报表的数据都是工人随意填上去的。

为了强化对报表的重视，赖特多次找工人开会强调认真填写报表的重要性，但每次开会的作用不大，在开始几天可以起到一定的效果，但过不了几天又回到了原来的状态。赖特怎么也想不通。后来，他的一位印度朋友让他换位思考一下：假如你是工人，你会认真填写吗？

赖特的苦恼是很多企业中的管理者一个普遍的烦恼。现场的操作工人，很难理解他这样做的目的，因为数据分析距离他们太遥远了。大多数工人只知道好好干活，拿工资养家糊口。不同的人，他们所站的高度不一样，单纯开会强调，是没有效果的。后来，赖特将生产报表与业绩奖金挂钩，并要求干部经常检查，工人们才知道认真填写报表是与切身利益有关系的，并重视起来。

同样一件事，只是做了一个小小的改变——与对方的利益联系起来，事情就得到圆满解决。这就像我们在和别人沟通时使用别人的语言一样，当我们用对方不熟悉的语言进行交流，对方反应迟缓，而当我们开始使用对方常用的术语时，对方立即就会对我们的观点进行回应。

使用对方的语言进行沟通，容易与对方取得共识。在银行工作的艾伯森先生曾说过这样的一件事：

有个年轻的司机走进来要开个户头，我递给他几份表格让他填写，但他断然拒绝填写有些方面的资料。在我没有学习人际关系课程以前，我一定会告诉这个客户，假如他拒绝向银行提供一份完整的个人资料，我们是很难给他开户的。

但今天早上，我突然想，我最好换一种能够改变他观点的沟通方式。于是我就对他说："就像是你行驶在高速公路上，你要是不交过路费，将不会被放行。"听完这我的话，这位年轻人居然笑了，对我说："看来我需要补上过路费。"说完他就把资料补全了。

这就是使用对方语言的魅力。任何人都不愿自己孤独，当管理者用员工所常用的语言进行沟通时，员工自然会感到亲切，感到管理者的真诚，更愿意将管理者看成是替自己考虑的人，从而将胸怀敞开，使沟通进入畅通阶段。相反，如果管理者对着木匠说着泥工的话，也许一开口，就会遭到抵触性白眼。

顶尖沟通者都有方法能"进入别人的频道"，让别人喜欢他，从而博得信任，表达的意见也易被对方采纳。人与人面对面沟通时的三大要素是文字、声音及肢体语言。一般人常强调说话的内容，却忽略了声音和肢体语言的重要性。其实，沟通要进入别人的频道，除了使用对方的语言，还要使你的声音和肢体语言与对方的习惯保持一致。我们这里介绍一下5步沟通法：

第一步：情绪同步，表情同步。如果对方很严肃，你也应跟着严肃；对方表情很放松，你也应表现得很轻松；对方在开怀大笑，那你也没必要拘谨，完全跟对方同步，对方就会莫名其妙地觉得你很可亲，很合得来。

第二步：语调语速同步。如果对方讲话速度很快，你也应提高的语速；

对方讲话速度非常慢，你也应不急不躁；对方声调很高，你也就很高；对方讲话声音很轻，你也就非常轻。总之，与对方越接近越好。

第三步：肢体动作同步。模拟对方所有的习惯动作，比方说对方经常捋捋头发，你也可以做类似的动作。但是需要切记的是，千万不要和对方同时进行。任何人都希望别人模仿自己的动作，你的模仿应该在不知不觉之中。

第四步：习惯用语同步。每个人的讲话都有一些口头禅，比如说，"那么那么""真是的"，甚至一些脏话。这时候你要注意把对方的口头禅也融入你的语言中，这样会使对方听起来很亲切，有熟悉感。

第五步：价值观同步。研究表明，人与人之间的冲突，95%来源于价值观的冲突。假如你要真正地、全方位地进入对方的频道、进入对方的心灵，就必须认同对方的价值观，这样才能实现深层次的沟通。

提升凝聚力的关键7点

团队凝聚力是团队对员工以及员工之间的吸引力，通常它总是以意识形态存在，它所起的作用在团队建设中举足轻重。主要体现在以下4个方面：

（1）凝聚力使员工产生归属感：出于对得到物质和精神满足的需求，人总是希望自己在社会中有一个确定的位置，这就是归属感。员工对团队的归属感，就是员工将自己在社会中的位置具体定位在所处的团队，认识到团队对自己的重要性，是自己各层次需求得以满足的保障，自己的命运与团队休戚相关。

（2）凝聚力是员工良好合作的基础：合作意识是个人希望和他人在一起建立合作、友好关系的一种心理倾向。员工在工作中互相帮助，友好相处、密切配合。这是现代团队最显著的特点。在团队中，人与人之间的关系是平等的，为了实现共同的目标，要求人与人之间相互理解、相互信任，员工的合作就是基于这两点产生的自尊、互尊，相互承认个人价值，懂得团结与合作对团队的重要性，以及相互关心、互相帮助的意识。

（3）凝聚力使员工对工作产生责任感：责任感就是员工意识到自己对团队建设需尽的职责，并乐于为团队的发展而尽职尽责。它是一种自我约束与自我监督的宝贵意识，具体包括做好本职工作；节约原材料、能源；勇于探索，勤于技术革新；爱护团队财产，遵守团队的一切规章制度。

（4）凝聚力使员工对企业产生自豪感：自豪感就是员工以团队为荣，认为自己的团队有令外人羡慕的对社会的贡献、良好的声誉、美好的形象和可观的收入而产生的荣耀心理。这种积极的心理毫无疑问能激发工作的欲望，使人在工作中处于较佳的精神状态。

管理者要想提升团队凝聚力，必须做到以下7点：

1.提升领导魅力

领导者是组织的核心。一个富有魅力和威望的领导者，会自然成为团队的核心与灵魂，全体成员会自觉不自觉地团结其周围。反之，则会人心涣散。一个团队是否能取得高绩效，很大程度上取决于领导者自身的人格、知识、胆略、才干、经验，取决于自己能否严于律己，能否敬业、精业，能否与员工坦诚相待、荣辱与共等。

2.科学地管理团队

建立一整套科学的制度，使管理工作和员工的行为制度化、规范化、程序化，是生产经营活动协调、有序、高效运行的重要保证。一个团队，如果缺乏有效的制度来规范，就会出现盲目和混乱，无法创出高绩效。

3.促进团队成员间的交流

良好的沟通和协调可使团队成员通过信息和思想上的交流达到共同的认知。有效的沟通和协调能及时消除领导者与团队成员以及团队成员彼此之间的分歧、误会和成见。会议、谈心和私下交流是领导者常用的几种形式。

4.提供个人发展机会

如果一个团队无法让成员看到未来远景，是不可能得到人心的。马斯洛指出："团队要有畅通的升选管理、公平公正的晋升制度，让成员了解到只要努力必定会有往上爬升的机会，这样才能有效激励团队成员，让他们定下心来在团队中努力工作。"

5.重视对团队成员的培训教育

只要是人，其需求的层次就会不断提升。团队成员，尤其是能力较强、有潜力的团队成员，希望自己能够不断自我成长。要留他们就必须提供机会给他们，最直接的方式就是重用他们，给他们教育及训练。倘若企业为团队成员提供的学习机会太少，甚至根本没有培训，团队成员很快就会失去工作的乐趣，凝聚力开始下降，因此，管理者要尽可能地为他们创造学习和培训的机会。

6.尊重每一位团队成员

尊重的需要是人的较高层次的需要，在团队管理中，命令式的管理方式已经行不通了。人人都需要受到别人的尊重，所以，管理者要时时关心并尊重团队成员，重视他们的意见，采取"人性管理"的方式来管理团队。

许多团队的管理者都有一个通病，就是对成员不够关心。如果平时不关怀、尊重团队成员，处处以命令的方式叫他们做事，则团队成员肯定会心有不甘，产生抵触情绪，甚至离开团队。反之，如果能够改变管理的方式，重视团队的成员，平时多关心他们，重视他们的表现，听听他们的心声，采纳他们好的意见，他们就会自动、自发地参与团队的各项工作，积极配合其他人来完成任务。

7.表彰业绩突出的成员

在美国密歇根州迪尔伯恩市，每年都会举行多米诺比萨饼公司奥林匹克大赛，比赛的内容是如何为顾客提供更好的服务。每次奥林匹克大赛将对获得成功的员工进行大张旗鼓的表扬，管理人员潜心评判和定期奖励表现突出、令顾客满意的行为，它所取得的效果可能比公司每月发放的奖金更令人难忘。这种比赛产生了效果显著的激励作用，每个员工都勤于工作，争做业绩最突出的员工。受益于此，多米诺比萨饼公司每年总增长率高达75%。表彰业绩突出的成员，已经成为多米诺比萨饼公司高速发展的秘诀。

帮助员工树立工作信心

信心和热情是人类一切事业成功的关键。作为领导者，如何从根本上消除员工的悲观失望情绪，树立他们的信心，激发他们的工作热情，是企业走上成功的关键所在。

休斯·查姆斯在担任"国家收银机公司"销售经理期间，曾面临了一种最为尴尬的情况：险些使他及手下的数千名销售员一起被"炒鱿鱼"。

原来该公司在财务上发生了一些问题。更糟糕的是，这件事被在外头负责推销的销售人员知道了，并因此失去了工作热忱，销售量开始大幅度下跌。到后来，情况极为严重，销售部门不得不召集全体销售员开一次大会，在全美各地的销售员皆被召去参加这次会议。

查姆斯先生亲自参加并主持了这次会议。

首先，他请手下最佳的几位销售员站起来，要他们解释销售量为何会下跌。这些推销员在被唤到名字后，一一站起来，每个人都有一段最令人震惊的悲惨故事要向大家倾诉：商业不景气、资金缺少，人们都希望等到总统大选揭晓之后再买东西，等等。当第五个销售员开始列举使他无法达到平常销售配额的种种困难因素时，查姆斯先生突然跳到一张桌子上，高举双手，要求大家肃静，然后，他说道："停止，我命令大会暂停10分钟，让我把我的皮鞋擦亮。"

然后，他命令坐在附近的一名黑人小工友把他的擦鞋工具箱拿来，并要这名工友替他把鞋擦亮，而他就站在桌上不动。

在场的销售员都惊呆了，有些人以为查姆斯先生突然发疯了，人们开始窃窃私语，会场的秩序变得无法维持了。在这同时，那位黑人小工友先擦亮他的第一只鞋子，然后又擦另一只鞋子。他不慌不忙地擦着，表现出第一流的擦鞋技巧。

皮鞋擦完之后，查姆斯先生给了那位小工友1毛钱，然后开始发表他的演说：

"我希望你们每个人，"他说，"好好看看这个黑人小工友。他拥有在我们的整个工厂及办公室内擦皮鞋的特权。他的前任是位白人小男孩，年龄比他大得多，尽管公司每周补贴他5元的薪水，而且工厂里有数千名员工，但他仍然无法从这个公司赚取足以维持自己生活的费用。"

"这位黑人小男孩不仅可以赚到相当不错的收入，不需要公司补贴薪水，而且每周还可存下一点钱来，而他和他前任的工作环境完全相同，也在同一家工厂内，工作的对象也完全相同。"

"我现在问你们一个问题，那个白人小男孩拉不到更多的生意，是谁的错？是他的错，还是他的顾客的错？"

那些推销员不约而同大声回答说："当然了，是那个小男孩的错。"

"正是如此。"查姆斯回答说，"你们现在推销收银机和一年前的情况完全相同：同样的地区、同样的对象，以及同样的商业条件。但是，你们的销售成绩却比不上一年前。这是谁的错？是你们的错？还是顾客的错？"

同样又传来如雷鸣般的回答："当然是我们的错。"

"我很高兴，你们能坦率承认你们的错。"查姆斯继续说，"我现在要告诉你们，你们的错误在于，你们听到了有关本公司财务发生困难的谣言，这影响了你们的工作热忱，因此，你们就不像以前那般努力了。只要你们回到自己的销售地区，并保证在以后30天内，每人卖出5台收银机，那么，本公司就不会再发生什么财务危机了，以后再卖出的，都是净赚的。你们愿意这样做吗？"

当然，所有的人都说愿意。这些工作多年的推销员，缺少的不是工作经验或能力，而是对公司状况的信心。一个实力强大的公司，忽然财务困难，甚至导致几千人面临失业的危险……这些消极情绪吞噬了他们乐观向上的精神，当然也不再有什么工作热忱。然而，这种悲观的态度、消极的做法，却把自己和公司推入了险境。

休斯·查姆斯正是看到了这一点，并且巧妙地运用一个惊人之举：站在大会的办公桌上擦皮鞋，引出了擦鞋小工友的故事，以此一针见血地指出了销售成绩下降的根本原因，并借此机会破除了弥漫在公司里的悲观情绪，为推销员注入了生机和活力。效果不难想象，"国家收银机公司"又取得了优异的销售纪录，安然地渡过了难关。一个擦皮鞋的小男童，为公司带来的效益是100万美元！

态度决定一切。积极自信的人会迸发出惊人的创造热忱和工作热情，完成不可完成之事。同样，充满激情和热忱的团队亦能创造奇迹。要想提升团队的战斗力，作为领导者，就要消除团队成员的悲观情绪，注入激情和热忱，以超人的自信心态去赢得未来。

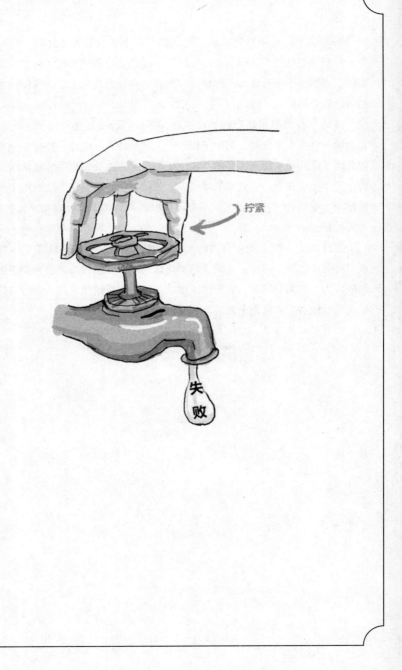

第十三章

追求完美，把每件事都要做到精彩绝伦

永葆追求卓越的心

在人生历程中，每个人都迫切希望自己能成为众人中的焦点，成为聚光灯的中心，事实上，这并不是什么困难的事，只要你拥有一颗追求卓越的心。

推销员戴尔做了一年半的业务，看到许多比他后进公司的人都晋升了职位，而且薪水也比他高许多，他百思不得其解。想想自己来了这么长时间了，客户也没少联系，薪水也还凑合自己开支，可就是没有大的订单让他在业务上有所起色。

有一天，戴尔像往常一样下班就打开电视若无其事地看起来，突然有一个名为"如何使生命增值"的专家专题采访的栏目引起了他的关注。

心理学专家回答记者说："我们无法控制生命的长度，但我们完全可以把握生命的深度！其实每个人都拥有超出自己想象十倍以上的力量。要使生命增值，唯一的方法就是在职业领域中努力地追求卓越！"

戴尔听完这段话后，信心大增，他立即关掉电视，拿出纸和笔，严格地制定了半年内的工作计划，并落实到每一天的工作中……两个月后，戴尔的业绩明显大增，9个月后，他已为公司赚取了2500万美元的利润，年底他自然当上了公司的销售总监。

如今戴尔已拥有了自己的公司。他每次培训员工时，都不忘记说："我相信你们会一天比一天更优秀，因为你们拥有这样的能力！"于是员工信心倍增，公司的利润也飞速递增。

戴尔的事例说明了这样一个道理：追求卓越是每个人的生命要求，追求卓越也是每个人改变自己命运的基本要素。追求卓越，取得成功是每个人的愿望。在人类文明的发展过程中，追求卓越始终是我们持久的动力和永恒的目标。

有什么样的目标，就有什么样的人生；有什么样的追求，就能达到什么样的人生高度。恳恳地工作，超越平庸，主动进取，才能取得职场上的成功，才会拥有精彩卓越的人生。

炎热的一天，大卫·安德森和他的伙伴们正在铁路的路基上工作，突然遇见了前来视察工作的老朋友——铁路总裁吉姆·墨菲。他们两个进行了长达一个小时的愉快交谈，然后热情地握手道别。

大卫·安德森的同事立刻包围了他，他们对于他是墨菲铁路总裁的朋友这一点感到非常震惊。大卫解释说，20多年前，他和吉姆·墨菲是在同一天开始为这条铁路工作的。

其中一人半认真半开玩笑地问大卫："为什么你现在仍在骄阳下工作，而吉姆·墨菲却成了总裁？"大卫非常惆怅地说："23年前，我只是为1小时1.75美元的薪水而工作，而吉姆·墨菲却是为这条铁路工作。"

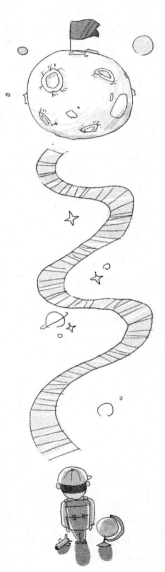

透过这个故事，我们就可以明白：为什么有的人工作了一辈子却还是一名普普通通、薪水微薄的员工。

美国"钢铁大王"安德鲁·卡内基在33岁那年就建立了美国最大的钢铁公司。在这一年，他在备忘录里写下了这样的话：人生必须有目标，而赚钱是最坏的目标。只有当你把"做好事业，追求卓越"作为自己一生追求的目标时，你会获得比金钱更多、更重要的东西。

追求卓越、拒绝平庸是每个人必备的品质之一。不要满足于一般的工作表现，要做就做最好，要成为老板不可缺少的人物。拿破仑曾鼓励士兵："不想当将军的士兵不是好士兵。"

为什么我们在可以选择更好生活的时候，却总是选择了平庸呢？为什么我们可在职场中纵横驰骋的时候，却总是原地踏步，徘徊不前呢？因为追求卓越的理念还没有深入我们的内心，只有将追求的理念时刻放在心头，你才能披荆斩棘，走向成功的殿堂。

每天进步一点点

伟大的成就通常是一些平凡的人们经过自己的不断努力而取得的，他们注重细节，每天懂得进步一点点，日积月累就前进一大步。

有些年轻人总是责怪命运的盲目性，然而命运本身的盲目性就是以人的活动为主体的。天道酬勤，命运总是掌握在那些勤勤恳恳地工作、每天注意细节的人手中，就正如优秀的航海家总能驾驭在大风大浪航行的船只一样。人类历史的研究表明，在成就一番伟业的过程中，一些最普通的品格，如公共意识、注意力、专心致志、持之以恒等等，往往起着很大的作用。即使是盖世天才也不能小视这些品质的巨大作用。事实上，正是那些真正伟大的人物才相信常人的智慧与毅力的作用，而不相信什么天才。

牛顿无疑是世界一流的科学家。当有人问他到底是通过什么方法得到那些伟大的发现时，他诚实地回答道："总是思考着它们。"还有一次，牛顿这样表述他的研究方法："我总是把研究的课题置于心头，反复思考，慢慢地，起初的点点星光终于一点一点地变成了阳光一片。"正如其他有成就的人一样，牛顿也是靠勤奋、专心致志和持之以恒来取得成功的，他的盛名也是这样换来的。放下手头的这一课题而从事另一课题的研究这就是他的娱乐和休息。

牛顿曾对本特利先生说过："如果说我对公众有什么贡献的话，这要归功于勤奋和善于思考细节。"另一位伟大的哲学家开普勒也这样说过："只有对所学的东西善于思考才能逐步深入。对于我所研究的课题我总是穷根究底，想出个所以然来。"

英国物理学家及化学家道尔顿不承认他是什么天才，他认为他所取得的一切成就都是靠勤奋。约翰·亨特曾自我评论道："我的心灵

第一天　　　　　　第二天　　　　　　第三天　　　　　　第四天

就像一个蜂巢一样，看来是一片混乱，到处充满嗡嗡之声，实际上一切都整齐有序。每一点食物都是通过劳动在大自然中精心选择的。"只要翻一翻一些大人物的传记，我们就知道大多数杰出的发明家、艺术家、思想家和著名的工匠，他们的成功在很大程度上都应归功于非同一般的勤奋和持之以恒的毅力。他们都是惜时如命的人。

英国作家兼政治家迪斯累里认为要成功就必须精通所学科目，要精通它，只有通过持续不断地刻苦钻研，除此别无良策。

由上面的故事可以看出，做了小事，精通了细节，凡人也能变成天才。

一位成功人士从13岁就背井离乡，在商店做小店员，日后却成为商店董事长、证券公司创办人、银行董事长。

有一天，有人问他经营事业致富的秘诀。

他回答："所有成功的企业家都不会冒失莽撞，不会操之过急，都是脚踏实地从山脚一步一步坚实而稳定地攀登到山顶的。他们不会梦想一下子就跳到顶峰，而是先从他们能力所及的范围着手，先做小生意，脚踏实地地学习，一步一步充实自己的实力，小生意做成功，然后进一步做更大的生意，这样才不会招致失败。然而很多失败的生意人都犯了一个很大的错误，他们想一步登天，自己的资金只有一百万，却不自量力大举借债来做一千万的生意。结果，负担不起利息，入不敷出，虽然艰苦挣扎，但逃不了倒闭的结果。就好像没有开花就想结实；一年级刚念完就想跳到六年级；没有练过跳高，一下子就想跳上山顶，那么自然非失败不可。"

在一些最简单的事情上，反复地磨炼确实会产生惊人的效果。拉小提琴看起来十分简单，但要达到炉火纯青的地步，又需要付出多少辛苦啊。有一个年轻人曾问卡笛尼学拉小提琴要多长时间。卡笛尼回答道："每天12个小时，连续坚持12年。"

一点点进步都是来之不易的，任何伟大的成功都不可能唾手可得。德·迈斯特说过："耐心和毅力就是成功的秘密。"没有播种就没有收获。光播种，而不善于耐心地、满怀希望地耕耘，也不会有好的收获。最甜的果子往往在最后成熟，西方有一句格言："时间和耐心能把桑叶变成云霞般的彩锦。"

一个人有没有出息，不在于你处于什么环境，干什么工作，关键是看你怎样对待环境，怎样对待工作，如何看待小事。你的态度直接决定着你的命运，因为注重小事，每天进步一点点，命运就会掌握在你的手中。

在平凡中追求卓越

追求卓越是一种人生态度，是一种境界。卓越就是不放松对自己的要求，就是在别人苟且随便时，自己仍然一如既往地坚持操守，这是一种高度的责任感和敬业精神。无论人才需求如何变化，是否具有追求卓越的精神始终是老板用人的一个重要标准。

卓越不是完美。因为完美会使你受挫，使你被削弱，而卓越却是一个尽其所能去做到更佳的、不断前进的目标。在追求卓越的过程中，你可以不断地取得更佳，不断地打破个人纪录，提高过去取得的成绩，从而让自己变得坚不可摧。

卓越很昂贵，你必须付全价；卓越很昂贵，但回报丰厚；卓越是真理，真理是不会被否定的。你可以把卓越推倒，掩盖卓越，忽视卓越，但无论你做什么，它总能脱颖而出，上升到顶部，这就是精华法则——最优秀的将上升到金字塔顶部。

洛克菲勒是美国的石油大亨，他的老搭档克拉克这样评价他："他有条不紊和细心认真到极点。如果有一分钱该归我们，他会争取；如果少给客户一分钱，他也要给客户送去。"他就是这样从账面数字——精确到毫、厘，分析出公司的生产经营情况和弊端所在，从而有效地经营着他的石油王国。

成功最怕"卓越"二字。做事细心、严谨、有责任心，是卓越；做人坚持原则，不随波逐流，不为蝇头小利所惑，"言必信，行必果"，也是卓越；生活中重秩序、讲文明、遵纪守法，甚至小到起居有节、衣冠整洁、举止得体，也是卓越的体现。

追求卓越的人对工作有一种非做不可的使命感，并为之孜孜不倦、乐此不疲。

他们在别人都放弃时仍坚持不懈，在所有人都认定事不可为时仍殚精竭虑。

他们不仅仅维持工作或恪尽职守，他们深入内在，寻求更多的东西。

当一般人放弃的时候，他们找寻下一位顾客。当顾客拒绝他的时候，他追问："你到底要不要买？"当顾客不买的时候，他继续追问："你为什么不买？"他们总是在找寻自我改进的方法，以及顾客不买的原因。他们永远在不断地改善自己的行为、举止、态度和人格。他们总是希望知道人们为什么买，为什么不买。他们总是希望更有活力，更有行动力。

阿穆耳饲料厂的厂长麦克道尔之所以能够从一个速记员一步一步往上升，就是因为他在工作中总是追求尽善尽美。

他最初在一个懒惰的经理手下做事，那个经理习惯于把事情推给下面的职员去做。有一次，他吩咐麦克道尔编一本阿穆耳先生前往欧洲时需要的密码电报书。如果是一般人来做这个工作，他只会简单地把电码编在几张纸片上敷衍了事，但麦克道尔可不是这样玩忽职守的人。他利用下班的空余时间，把这些电码编成了一本漂亮的小书，并用打字机打印出来，然后再装订好。完成之后，经理便把电报本交给了阿穆耳先生。

"这大概不是你做的吧？"阿穆耳先生问。

"不是……"那经理战栗着回答。

"是谁做的呢？"

"我的速记员麦克道尔做的。"

"你叫他到我这里来。"

阿穆耳对麦克道尔亲切地说："小伙子，你怎么想到把我的电码做成这个样子呢？"

"我想这样用起来会方便些。"

"你什么时候做的呢？"

"我是晚上在家里做的。"

"是吗？我特别喜欢它。"

这次谈话后没几天，麦克道尔便坐到了前面办公室的一张写字台前；没过多久，他便代替了以前那个经理的位置。

千里之堤，溃于蚁穴，魔鬼往往隐藏于细节之中。失败的最大祸根，就是养成了敷衍了事的习惯。而成功的最好方法，就是把任何事情都做得精益求精，尽善尽美。

给自己制定更高的标准

优秀的人并不一定是有钱的人，而是那些在人格、品行、学识、道德上都胜人一筹的人。不追求卓越，不做到最出色，是不会在工作中享有荣誉的。

兰迪·劳伦斯现在是一家公司的老板，以前他只是一个普通的推销员。他奋起的动因是他在一本书上看到的一句话：每个人都拥有超出自己想象10倍以上的力量。在这句话的激励之下，他反省自己的工作方式和态度，发现自己错过了许多可以和顾客成交的机会。于是，他制定了严格的行动计划，并在每一天的工作当中实践。两个月后，他回过头看看自己的进展，发现业绩已经增加了两倍。数年以后，他已经拥有了自己的公司，在更大的舞台上检验着这句话。

每个人都有一种突出的才能，各有特色，不尽相同。无论你的特色是什么，你都不要把自己藏起来，你应该积极地把你的才能发掘出来，并发挥得淋漓尽致。事实上，面对激烈的竞争，你应该不断地超越平庸、追求完美，你需要制定一个高于他人的标准。

尚可的工作表现人人都可以做到，只有不满足于平庸，才能追求最好，才能成为不可或缺的人物。没有人可以做到完美无缺，但是，当你不断增强自己的力量，不断提升自己的能力的时候，你对自己要求的标准会越来越高，这本身就是一种收获。

没有最好，只有更好。这值得每个人铭记一

生。有无数人因为养成了轻视工作、马马虎虎的习惯，以及对工作敷衍了事的态度，终致一生都处于社会底层，不能出类拔萃。

在追求的过程当中，只要不是出类拔萃的表现，都不可能让人获得满足、让人心安理得。

要不断提升自己的标准，希望能够更上一层楼，而且非常注意细节的部分，愿意不断地驱策自己摆脱平庸的桎梏。

能让工作变得完美的人，需要极高的品质。高品质不是从天上掉下来的偶然，这是人们保持高昂的企图心，坚持诚心诚意的努力，投入心血智慧以及技能后所得到的结果。它代表的是众多选择当中的明智抉择，因此，你做出抉择之后，就应倾注全力达到这样的标准。

这时，才能、环境、幸运、遗传以及个性都不那么重要，重要的是你打算凭借着自己的所有达到什么样的境界，怎样达到这样的境界。

全力以赴，务必100%尽心

达格·哈马绍说：我们的这个世界并不完美，它需要我们来努力使它完美。我们的工作也并不完美，它需要我们用敬业精神让它接近完善。

24岁的海军军官卡特，应召去见海曼·李特弗将军。在谈话中，将军非常特别地让他挑选任何他愿意谈的话题。

当他好好发挥完之后，将军就问他一些问题，结果将他问得直冒冷汗。终于他开始明白：自己自认为懂得很多的那些东西，其实懂得很少。

结束谈话时，将军问他在海军学校学习成绩怎样。他立即自豪地说："将军，在820人的一个班中，我名列59名。"

将军皱了眉头，问："你全力以赴了吗？"

"没有。"他坦率地说，"我并不总是全力以赴的。"

"为什么不全力以赴呢？"将军大声质问，瞪了他许久。

此话如当头棒喝，给卡特以终生的影响。此后，他事事全力以赴，后来最终成为美国总统。

　　有人问一家餐馆老板成功的秘诀。他说自己的成功得益于在一家欧洲大饭店的厨房工作的经历。在那里，他学到了成功的关键是全力以赴把一切做到100%的完美，不管是复杂的主菜，还是简单的附餐。他说："如果你做法式炸薯条，就把它做成世界上最好的法式炸薯条。"

　　伟大人物对使命全力以赴可以谱写历史，普通员工对工作全力以赴则可以改变自己的人生。著名人寿保险推销员罗迪正是凭借着自己的全力以赴，创造了一个又一个奇迹。

　　罗迪刚转入职业棒球界不久，便遭到有生以来最大的打击——他被约翰斯顿球队开除了。他的动作无力，因此球队的经理有意要他走人。经理对他说："你这样慢吞吞的，根本不适合在球场上打球。罗迪离开这里之后，无论你到哪里做任何事，若不提起精神来，你将永远不会有出路。"

　　罗迪没有其他出路，因此去了宾州的一个叫切斯特的球队，从此他参加的是大西洋联赛，一个级别很低的球赛。和约翰斯顿队175美元相比，每个月只有25美元的薪水更让他无法找到激情。但他想："我必须激情四射，因为我要活命。"

　　在罗迪来到切斯特球队的第三天，他认识了一个叫丹尼的老球员，他劝罗迪不要参加这么低级别的联赛。罗迪很沮丧地说："在我还没有找到更好的

工作之前，我什么都愿意做。"

一个星期后，在丹尼的引荐下，罗迪顺利加入了康州的纽黑文球队。这个球队没有人认识他，更没有人责备他。那一刻，他在心底暗暗发誓，我要成为整个球队最努力也最尽心尽力的球员。这一天在他生命里刻下了最深的烙印。

每天，罗迪就像一个不知疲倦和劳顿的铁人一样奔跑在球场，球技也提高得很快，尤其是投球，不但迅速而且非常有力，有时居然能震落接球队友的护手套。

在一次联赛中，罗迪的球队遭遇实力强劲的对手。那一天的气温达到了华氏100度，身边像有一团火在炙烤，这样的情况极易使人中暑晕倒，但他并没有因此退却。在快要结束比赛的最后几分钟里，由于对手接球失误，罗迪抓住这个千载难逢的机会迅速攻向对方主垒，从而赢得了决定胜负的至关重要的一分。

发疯似的激情让罗迪有如神助，它至少起到了三种效果。第一，他忘记了恐惧和紧张，掷球速度比赛前预计的还要出色；第二，他"疯狂"般的奔跑感染了其他队友，他们也变得活力四射，首先在气势上压制了对手；第三，在闷热的天气里比赛，罗迪的感觉出奇的好，这在以前是从来没有过的。

从此，罗迪每月的薪水涨到了185美元，和在切斯特球队每月25美元相比，他的薪水在10天的时间里猛增。这让他一度产生不真实的感觉，他简直不知道还有什么能让自己的薪水涨得这么快，当然除了全力以赴、100%尽心。

在工作中应该严格要求自己，能做到最好，就不能允许自己只做到一般；能完成100%，就不能只完成99%，能尽到100%的心，就不要只尽到99%的心。

第十四章

积累财富，一美分是下个十亿的开始

节俭就是一种投资

什么是通向财富的钥匙？答案恐怕和你所想的正好相反。研究一下真正的富人（即那些赚了钱并能保有财富的人）的生活方式，你会发现一个共同点，富人都过着简朴的生活。

典型的百万富翁的样子和多数人所想象的截然不同，他们并没有豪宅名车、高档手表等奢侈品。财富给他们的最大好处在于能自由支配自己的时间。这才是财富最重要的属性：让你有选择的能力。

美国有位作者以"你知道你家每年的花费是多少吗"为题进行调查，结果是近2/3的百万富翁（62.4%）回答知道，而非百万富翁则只有35%知道。

该作者又以"你每年的衣食住行支出是否都根据预算"进行调查，结果竟是惊人的相似：百万富翁中编预算的占2/3，而非百万富翁只有1/3。

进一步分析，不作预算的百万富翁大都用一种特殊的方式控制支出，亦即造成人为的相对经济窘境。即将一半以上的收入先作投资，剩余的收入才用于支出。

这是巧合吗？不是的！这正好反映了富人和普通人在对待钱财上的区别。

节俭是大多数富人共有的特点，也是他们之所以成为富人的一个重要原因。他们养成了精打细算的习惯，有钱就拿去投资，而不是乱花。

洛克菲勒这个姓氏扬名全球，已成为美国大富豪的代名词。这个家族组成的垄断财团，到1974年的资产已达到2305亿美元，约等于美国当年国内生产总值的1/5。它控制着纽约的6家大银行的2家、4家大保险公司的2家、全美5家大石油公司中的4家。洛克菲勒垄断资本集团的创始人约翰·戴维森·洛克菲勒，可说是靠勤俭而致富的。

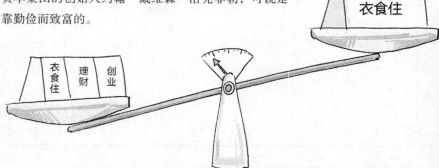

他1839年出生于一个医生家庭，生活并不宽绰，在艰难的生活中使他养成了一种勤俭和奋发的精神。他在16岁时，决心自己创业。虽然他时常研究如何致富，但始终不得要领。一天，他在报纸上看到一则广告，是宣传一本发财秘诀的书。洛克菲勒看后喜出望外，急忙沿着广告注明的地址到书店购买这本"秘籍"。

该书包装精密，不能随便翻阅，只在买者付了钱后，才可以打开。洛克菲勒求知心切，买后匆匆回家打开阅读，岂知翻开一看，全书仅印有"勤俭"二字，他又气又失望。洛克菲勒当晚辗转不能成眠，由咒骂"发财秘籍"的作者坑人骗钱，渐渐细想作者为什么全书只写两个字，越想越觉得该书言之有理，感到要致富确实必须靠勤俭。

他大彻大悟后，从此不知疲倦地勤奋创业，并十分注重节约储蓄。就这样，他坚持了5年多的打工生涯，以节衣缩食的节俭精神，积存了800美元。

经过多年的观察，洛克菲勒看清了自己的创业目标：经营石油。经过几十年的奋斗，他终于成为全球"石油大王"。

19世纪石油商人成千上万，最后只有洛克菲勒独领风骚，其成功绝非偶然。有关专家在分析他的创富之道时发现，精打细算是他取得成就的主要原因。

洛克菲勒在自己的公司中，特别注重成本的节约，提炼加仑原油的成本计算到第3位小数点。他每天早上一上班，就要求公司各部门将一份有关净值的报表送上来。经过多年的积累，洛克菲勒能够确切地查阅报上来的成本开支、销售及损益等各项数字，并能从中发现问题，以此来考核每个部门的工作。

1879年，他写信给一个炼油厂的经理质问："为什么你们提炼1加仑原油要花1分8厘2毫，而东部的一个炼油厂干同样的工作只要9厘1毫？"就连价值极微的油桶塞子他也不放过，他曾写过这样的信："上个月你厂汇报手头有1119个塞子，本月初送去你厂1万个，本月你厂使用9527个，而现在报告剩余912个，那么其他的680个塞子哪里去了？"

洞察入微，刨根究底，不容你打半个马虎眼。正如后人对他的评价，洛克菲勒是统计分析、成本会计和单位计价的一名先驱，是今天大企业的"一块拱顶石"。

节俭不仅适用于金钱问题，而且也适用于生活中的每一件事，从明智地使用一个人的时间、精力，到养成小心翼翼的生活习惯，节俭意味着科学地管理自己和自己的时间与金钱，意味着最明智地利用我们一生所拥有的资源。

节俭不仅是积累财富的一块基石，也是许多优秀品质的根本。节俭可以提升个人的品性，厉行节俭对人的其他能力也有很好的助益。节俭在许多方面都是卓越不凡的一个标志。节俭的习惯表明人的自我控制能力，同时也证明一个人不是其欲望和弱点的不可救药的牺牲品，他能够支配自己的金钱，主宰自己的命运。

我们知道一个节俭的人是不会懒散的，他有自己的一定之规。他精力充沛，勤奋刻苦，而且比起那些奢侈浪费的人更加诚实。

节俭是人生的导师。一个节俭的人勤于思考，也善于制定计划。他有自己的人生规划，也具有相当大的独立性。如果你养成了节俭的美德，那么就意味着你具有控制自己欲望的能力，意味着你已开始主宰你自己，意味着你正在培养一些最重要的个人品质，即自力更生、独立自主、谨慎小心、深谋远虑，以及聪明机智和独创能力。换言之，就表明了你有生活的目标，你是一个非同一般的人。

创富就要崇尚节俭，但同时也要注意绕开节俭的沼泽地。所罗门说过："没有投资就没有回报"，"小处节省，大处浪费"。还有许多家喻户晓的谚语都反映了错误的节约不仅无益反而有害的常识。

有些人浪费了大量的时间，用错误的方法来节省不该节省的东西。曾经有个老板制定了这样一条规矩，要他的员工不顾一切地节省包装绳，即使要耗费大量的时间也在所不惜。他还要求尽量省电。而昏暗的店面让许多顾客望而止步。他不知道明亮的灯光其实是最好的广告。

一个过于谨慎的人往往缺乏大的智慧。许多人因小处节约而误了大事。他们为了蝇头小利疯狂地节省，根本没有意识到他们这样做使得自己越来越呆板，也失去了许多干大事的机会。你不能以心智的发展和能力的提高为代价来拼命节约，因为这些都是你事业成功的资本和达到目标的动力，所以不要因此扼杀了你的创造力和"生产力"。要想方设法提高你的能力和水平，这将帮助你最大限度地挖掘你的潜力，使你身体健康，感受到无比的快乐。

在这一方面，对年轻人来说，很重要的一点就是要树立正确的节约观，进行明智的投资，用正确、丰富的思想来充实头脑，纠正狭隘的错误节约观。

"舍不得播种的人也只能收获微薄的果实"，对于农民是如此，对于商人亦如此。明智地节约有时意味着慷慨地消费。

有一个商人，他曾出国游览过很多名胜古迹，但是他太吝啬了，连到里面看一看的门票钱都舍不得花。例如，他去过很多名人故居所在的地方。在那些国家，那些名人故居被认为是但凡去过该国的人都要朝拜的圣地。但是他却从来没有进去过，因为他舍不得买门票。他说在建筑物外面看看就足够了。所以，此人虽然去过相当多的地方，但他却不能颇有见地地谈论他所到过的任何一个地方。

慷慨大方对于年龄不大的人来说可能是奢侈，但它有时却是一种最佳的节约。友好的帮助和激励，以及与有教养的人交际都是用钱买不来的。

一个人能否拿得出10到15块钱参加一次宴会，这本身并不是什么问题。他可能为此花掉了15块钱，但他也许通过与成就卓著的客人结交，获得了相当于100块钱的鼓舞和灵感。那样的场合常常对一个追求财富的人有巨大的刺激作用，因为他可以结交到各种博学多闻、经验丰富的人。在自己力所能及的情况下，对任何有助于增进知识、开阔视野的事情进行投资都是明智的消费。

如果一个人要追求最大的成功、最完美的气质和最圆满的人生，那么他就会把这种消费当作一种最恰当的投资，他就不会为错误的节约观所困惑，也不会为错误的"奢侈观念"所束缚。

英国著名文学家罗斯金说："通常人们认为，节俭这两个字的含义应该是'省钱的方法'；其实不对，节俭应该解释为'用钱的方法'。也就是说，我们应该怎样去购置必要的家具，怎样把钱花在最恰当的用途上，怎样安排在衣、食、住、行，以及教育和娱乐等方面的花费。总而言之，我们应该把钱用得最为恰当、最为有效，这才是真正的节俭。"

为你的明天而储蓄

你孩提时是否拥有过储蓄罐呢？那时候我们是储蓄的一代，每个家庭起码都会存一点钱。而在每个领薪水的日子，父亲都会到银行存款，就是在最艰难的时候，每个家庭也总要在每个月存上一点。

现在时代改变了，美国比其他国家的储蓄率低，只不过隔了一代，我们的平均存款便较以往下跌了6%。相对于日本人平均每月储蓄薪水的19.2%，瑞士每月储蓄薪水的22.5%，美国人只存2.9%，你每月储蓄多少薪金呢？你的银行存款有多少足以用来度过危机？记住基本的储蓄原则：你起码需要有一个月的薪金存款，以保障你在危难时可以应用。根据这个标准，你超过了或仍然未及？

《我们在哪儿》（Where We Stand）的编辑总结道："长期来说，不断下降的存款，非但危害家庭安全，也严重削弱了国家未来的投资资金。"

存钱对某些人来说是困难的，特别是在负债时和日常必须要有充裕资金来周转的情况下。但是长远来看，假如你每天存下一小部分钱，你会惊讶地发现，就是在最恶劣时期，你仍有可观的金钱可供使用。

在个人和国家财政赤字日益升高之际，大家不妨记住这句法国的古老格言："远离债务就是远离危险！"前美式足球员布莱恩·布络辛曾如此说，"我这一生中，一直带着破口的钱袋，直到有一天，我才警觉自己要赶紧把它缝起来。"

我们花了一生追逐金钱，时常想象金钱用之不尽，如今钱没了，这岂不是一个大好时机。可以问一下自己：我真需要购买某商品吗？还是我可以等？我们是否每次都有必要从皮夹掏出信用卡，或拿着存款簿提钱呢？我今年今月今日，存了多少钱？

我们必须学习以所存的钱，而非所花的钱，来衡量成功。

存下每个月赚来的辛苦钱，先撇开暂时的物质诱惑，为你的长远目标努力。开始时你可能毫无收获，一段时间后必能满载而归。

　　许多年轻人往往把他们本来应该用于发展他们事业的必备资本，用到雪茄烟、香槟酒、舞厅、戏院等无聊的地方。如果他们能把这些不必要的花费节省下来，时间一久一定大为可观，可以为将来发展事业奠定一个经济基础。

　　不少青年一踏入社会就花钱如流水一般，胡乱挥霍，这些人似乎从不知道金钱对于他们将来事业的价值。他们胡乱花钱的目的好像是想让别人夸他一声"阔气"，或是让别人感到他们很有钱。

　　关于这个问题，有位作家的一段话说得特别好。他说：

　　在我们的社会中，"浪费"两个字不知使人们失去了多少快乐和幸福。浪费的原因不外乎三种：一、对于任何物品都想讲究时髦，比如服饰、日用品、饮食都要最好的、最流行的。总之，生活的一切方面都愈阔气愈好。二、不善于自我克制，不管有用没用，想到什么就去买什么。三、有了各种各样的嗜好，又缺乏戒除这些嗜好的意志。总结起来就是一个问题，他们从来没有考虑过要修养自己的性格，克制自己的欲望。造成这种追求浮华虚荣的最大原因就是人们习惯于随心所欲、任性为之的做法。

　　当然，节俭不等同于吝啬。然而，即便是一个生性吝啬的人，他的前途也仍然大有希望；但如果是一个挥金如土、毫不珍惜金钱的人，他的一生可能将因此而断送。不少人尽管以前也曾经刻苦努力地做过许多事情，但至今仍然是一穷二白，主要原因就在于他们没有储蓄的好习惯。

　　有的年轻人从来不存钱，到中年以后仍然是不名一文。一旦失去了职业，又没有朋友去帮助他，那么他就只好徘徊街头，没有着落。他要是偶然遇到一个朋友，就不断地诉苦，说自己的命运如何不济，希望那个朋友能借钱给他。这样的人一旦失业稍久，就容易落到饥肠辘辘、衣不遮体的地步，甚至到了寒冬沦落到挨冻而死的地步。他之所以落到这种地步，要吃这样的苦头，就是因为不肯在年轻力壮时储蓄一点钱。他之似乎从来没有想到过，储蓄对他会有怎样的帮助，也从来不懂得许多人的幸福都是建立在"储蓄"这两个字之上的。

　　为什么有那么多人如今都过着勉强糊口的生活？因为这些人不懂得，以前少享些安乐、多过些清苦的日子。他们从来不知道去向那些白手起家的伟大人物学一学；他们从来不懂得什么叫自我克制，无论口袋里有多少钱都要把它花得分文不剩；他们有时为了面子，即便债台高筑也在所不惜。

　　我从来没有见过挥金如土的青年人最后竟能成就大业。挥霍无度的恶习恰恰显示出一个人没有大的抱负、没有希望，甚至就是在自投失败的罗网。这样的人平时对于钱的出入收支从来漫不经心，从来不曾想到要积蓄金钱。如果要成功，任何青年人都要牢记一点：对于钱的出入收支要养成一种有节制、有计划的良好习惯。

　　存款是我们为生活中的不幸购买的保险，否则，没有人能承受不幸的打击。如果你不节约金钱、爱惜时间，那么你就不会成功地主宰自己。当然，也有许多在某个方面具有才能的人完全没有金钱价值的概念，他们一有钱就挥霍无度。但是，只要他们不为未来储蓄，他们就会章法大乱，无异于野蛮的原始人。

　　那些因为自己不够富有而烦躁的人，那些不能克制自我的人，那些被自己的冲动所支配，不愿为未来积蓄而放弃及时行乐的人，都将处于不利的境遇。

　　由于没有多少现款，我们失去了生活中的许多好机会，而这仅仅是因为我们在一帆风顺的时候总是把钱花得精光！预留一些现钱，在银行存些钱，花点钱买保险，或者做一些固定投资，这样可以预防不测。

　　每个年轻人都应当有储蓄的远见和机智。这能使他在患病、面对死亡或紧急情况下镇定自若，而且万一遭受重大损失，也可以东山再起。没有储蓄，他可能许多年都不得翻身，尤其是在还有一大家子指望他供养的情况下。

　　在恐慌或危急情况下，少量的现金就可能带来许多的幸运。多数人通常都会碰到几次急需现金的情况，或许一千块钱就决定着人们是成功还是失败。但要是没有这一千块钱，他们也许就失败了，从此陷入绝望之中。

　　几年前，报纸上曾报道过这样一位富人，他和别人一样，通过自己的努力挣了很多钱，但是很愚蠢地花掉了。一篇报告登出了如下从印第安纳波利斯拍来的电报：

　　"在英格兰大酒店里，匹兹堡的弗兰克·福克斯先生用一张50美元的钞票擦完脸后，就把钞票扔到地板上。然后他从兜里的一摞5元和10元的钞票中抽出一叠扔到吧台上，说道：'伙计，给我一杯酒，快点！要不我就买下整个酒店，然后炒你的鱿鱼！'"

　　我们很容易就能猜出这个人最后的命运。除了知道他是靠自己敛聚财富外，我们对他的过去一无所知。他如果要拥有巨额财富，也必须和别人一样相当节俭。但是，他从来不知道节俭为何物，而节俭能教会人们如何花钱和储蓄。有许多人积累了很多钱，却不知如何明智地花钱。

有些消费行为看起来似乎是浪费，但其实往往是最节约的。有许多家庭，特别是小城镇和农村的家庭拥有私人汽车，但是家里却没有浴缸，而他们又在考虑支付其他的昂贵开支。

消费最重要的就是做到物有所值。有些人表面上穿的是绫罗绸缎，戴的是金银珠宝，坐的是豪华轿车，肚子里却是一包稻草，骨子里更是龌龊不堪，这是很为人所不齿的。要穿舒适的衣服，但同时也要给自己以自尊的品格、好学而健康的头脑和美好的性情。把金钱和时间花在更具持久影响力的事情上，进行自我投资来提升自己。把钱花在追求更高的目标方面，不仅个人会获得极大的满足，而且更高的素质也有利于进一步的创富。

选择在最有价值的事情上进行投资，这是一种有益的消费和积极的生活方式，它将会使你活得诚实、简朴而有价值，最终得到你梦想的财富。

有些人收入不高，但花起钱来可真是愚蠢至极。他们会为了买只有富人才买得起的小古玩和衣服，把所有的钱都花光，但等到想做点事情时却身无分文。

很多人没有考虑过这个问题：我们在创富过程中无时无刻不在花钱。许多不切实际的需要都让我们把钱往外掏，如果我们没有坚定的自制力，粗心大意，没有良好的判断能力，那么我们就会浪费金钱。

今天，在原本事业受挫的人中，在贫穷的家庭中，在接受慈善组织救济的群体中，有许多人已经相当独立了，他们懂得了明智消费的艺术。我们说"不恰当地花一分钱，就是浪费了一分钱"，那么，为什么不记住这句格言，从中获益呢？

做自己的老板

对于你来说，也许最正确的工作选择就是建立你自己的企业。这个问题你也许并没有考虑过。我们也不是详细探讨如何创业、办公司、投资等问题，但是在详尽分析和讨论如何选择职业这个问题的时候，让我们最后来看一看你是否有可能选择做一个企业家，是很有必要的。

有一位企业家，以前是个教授。他抱着一种错误想法生活了有40年之久。

他原是某著名大学的副教授，在系里也有一个有权势的"指导人"，似乎命中注定要在这里干下去了。但是后来由于各种人际关系上的原因，他没有得到聘任。

于是他又到另一所著名大学去任教。在他到新的大学工作之前，他有一年休假期，在这一年里，他没有去周游世界，也没有撰写论文，而是到了一家大公共关系公司担任了研究部主任。虽然大学里保留着他的职位，但他再也没有回去。

作为研究部主任，他对自己的新权力和新职位非常满意。虽然他在教育界的工作地位高，工作时间也较随便，但是他感到在他现在所涉足的这个"真实的"世界里更有挑战性。后来，他又当上了某分部的总裁。但几年以后他感到自己虽然在公司里不断地升迁，但仍然有不满意感。这是因为尽管他是这里的负责人，可仍然得听命于人，也不能分享公司的利润。

自己　　　职业企业

他很烦恼：既然由于他在市场研究和公共关系方面具有卓越能力，使公司客户越来越多，他应得的报酬就不该只限于工资。他为公司的发展做出了很大贡献，但却没有得到与之相应的公平报酬。

最后，他采取了重大行动：离开了这家公司，创办了他自己的市场研究公司。由于他在那家公司担任分部总经理时已建立了声誉和联络网，所以他已经有了基本的客户。一年不到，他的公司就很兴盛，办得十分成功。

现在让我们回过头来再看看他的错误想法是什么。很长时间以来，他只把自己看作是一个为别人干活的雇员，从来不懂得他的不满不是由于工作或单位不好，而是由于他总在为别人干活这一事实。实际上，即使他在大学任教时，他也一直是个敢于创新的人，并且在他身上还闪耀着企业家的火花，只是他没有意识到他"命中注定"的职业是要管理经营自己办的企业。

谁能想到，资产达310亿美元，且闻名于世的惠普公司，当年是以538美元在一间车库起家的呢？

1938年，两位斯坦福大学的毕业生惠尔特和普克德，在寻找工作的过程中，看到打工的艰辛和许多人因找不到工作而走投无路的窘态，并因此悟出了一个人生哲理：与其去找工作，不如自己开创一番事业，为别人创造工作的机会。

于是，他俩摆脱了受雇于人的思路，决定合伙开创自己的事业。两人凑了538美元，在加州租了一间车库，办起了公司，公司以两人姓的第一个字母合而为名。

刚开始时，迎接他们的是挫折：研制出的音响调节器推销不出去；试制出的显示器无人问津。但两人毫不气馁，仍然夜以继日地研究、改进，四处奔波去推销。终于他们研制的检验声音效果的振荡器有了几个买主。到了第二年总算没有白干，赚了1563美元。

他们深知创业固然比受雇于人的名声响、气魄大，但付出的辛劳、代价更大，也更多。他们一日又一日，一年又一年，挖空心思，苦心研制，试验推销。终于使惠普公司变成了美国电子元件和检测仪器的大供应商。这对黄金搭档也有了分工：惠尔特专心于新技术的研究发明，普克德担当起了企业管理的重任。

创业的可贵，在于永不停步，在于永远进取。"与其去找工作，不如自己创业"，正是这种先见之明，赋予了他们非凡的智慧、非凡的毅力、非凡的苦干精神，从而让他们形成了战胜一切困难，不惧任何风险的品格。然而，造就他们成功的另一条件是他们所具有的投资的80/20法则，如果没有这些，他们就不会有魄力去自己创业，更不会积累和创造财富。

事实上，企业家精神散布在不同年龄的人们之间，有些很成功的企业家，在他们创业时还是青年人。

有一个成功的企业，是由两位好吃的高中学生开创的。他们考虑做硬面包，不过器材太贵；第二个选择，决定做冰激凌。所以他们一同付5块钱参加了雪糕制作函授课程。

他们以新的知识，投下所有的积蓄，向亲戚借钱，以极低的租金在废弃的加油站开设了第一间店铺。几年内，他们的冰激凌的销售额超过了2700万元。

加州有两个学生，他们卖了一部福特汽车和一部计算机，筹得约1300元作为创业的资本，他们卖出了100张电路板作为开始的希望。但是当他们拿了几张给开电脑售卖店的朋友时，那朋友说他对电路板毫无兴趣，只对电脑有兴趣。这是几年前个人电脑还未普及的时候，所以他们只造了一些。

销售在开始时发展缓慢，其中一个伙伴变得很沮丧，无论如何，他们并未放弃，他们的公司最终还是好转起来。这间苹果电脑公司如今一年销售超过10亿元，这一对学生老板就是史蒂夫·乔布斯和史蒂夫·沃兹尼亚克。

这些成功的故事，有没有刺激你？销售10亿元？有什么机会可以做到那样？不要因为机会甚微而气馁，你可以借着意想不到的途径而获得成功，只要肯尽力一试。

记住，你用不着建立10亿元的公司才算成功，千千万万的企业家所建立的企业比这小得多，然而也算是成功的。

掌握财富增长的法门

经营金钱就等同于经营事业。经营金钱意味着需要掌握财富增长的学问。如何处理你的金钱，实际上也确实是你"自家"的事，别人无法帮忙。但是不同的人因采取的方式不同而造成的结果迥异。那么，什么是管理我们金钱的原则呢？我们如何展开预算和计划？

1.把事实记在纸上

亚诺·班尼特50年前到伦敦，立志做一名小说家，当时他很穷，生活压力大。所以他把每一便士的用途记录下来。他难道想知道他的钱怎么花掉了？不是的。他心里有数。他十分欣赏这个方法，不停地保持这一类记录，甚至在他成为世界闻名的作家、富翁、拥有一艘私人游艇之后，也还保持这个习惯。

约翰·洛克菲勒也保有这种总账。他每天晚上总要把每便士的钱花到哪儿去了弄个一清二楚，然后才上床睡觉。

我们都一样，必须去弄个本来，开始记录，记录一辈子？不，不需要。预算专家建议我们，至少在最初一个月要把我们所花的每一分钱作准确的记录——如果可能的话，可作3个月的记录。这只是提供我们一个正确的记录，使我们知道钱花到哪儿去了，然后便可依此作一预算。

2.拟定一个真正适合你的预算

预算的意义，并不是要把所有的乐趣从生活中抹杀。真正的意义在于给我们物质安全，使我们免于忧虑。

"依据预算来生活的人，"史塔里顿夫人说，"比较快乐。"史塔普里顿夫人告诉我，假设有两个家庭比邻而居，住同样的房子，同样的郊区，家里孩子的人数一样，收入也一样——然而他们的预算却会截然不同。为什么？因为人性是各不相同的，她说，预算必须按照各人需要来拟定。

但怎么进行呢？方法是：你必须把所有的开支列出一张表来，然后要求指导。你可以写信到华盛顿的美国农业部，索取这一类的小册子。在某些大城市——主要的银行都有专家顾问，他们将乐于和你讨论你的财务问题，并帮你拟定一项预算。

有一本名叫《家庭金钱管理》的书由"家庭财务公司"发行。顺便提一下，这家公司出版了一整套的小册子，讨论到许多预算上的基本问题。例如，房租、食物、衣服、健康、家庭装饰和其他各项问题。

3.学习如何聪明地花钱

意思是说，学习如何使金钱得到最高价值。所有大公司都设有专门的采购人员，他们什么事也不做，只要设法替公司买到最合理的东西。身为你个人产业的男、女主人，你何不也这样做？

4.投保医药、火灾，以及紧急开销的保险

对于各种意外、不幸，及可预料的紧急事件，都有小额的保险可供投保。并不是建议你从澡盆里滑倒至染上德国麻疹的每件事皆投上保险，但我们郑重建议，你不妨为自己投保一些主要的意外险。否则，万一出事，不但花钱，也很令人烦恼，而这些保险的费用都很便宜。

5.教导子女养成对金钱负责

《你的生活》杂志上有一篇文章，作者史蒂拉·威斯顿·吐特叙述她如何教导她的小女儿养成对金钱的责任感。她从银行里取得一本特别储金簿，交给她9岁大的女儿。每当女儿得到每周的零用钱时，就将零用钱"存进"那本储金簿中，母亲则自任银行。然后在那个礼拜之中，每当她须使用一毛钱或一分钱时，就从账簿中"提出"，把余款结存详细记录下来。这位小女孩不仅从其中得到很多的乐趣，而且也学会了如何处理金钱。

6.家庭主妇可在家中赚一点外快

如果你在聪明地拟好开支预算之后，仍然发现无法弥补开支，那么你可以选择下述两事之一：你可以咒骂、发愁、担心、抱怨，或者你想赚一点额外的钱。怎么做呢？想赚钱，只需找人们最需要而目前供应不足的东西。下面是一个多年前的案例：

娥拉·史令克夫人住在一个3万人口的小镇——伊利诺伊州梅梧市，她就在厨房里以一毛钱价值的原料开创了事业。她的丈夫生病了，她必须赚点钱补贴家用。但怎么办呢？没经验，没有技术，没有资金，只不过是一名家庭主妇。

她从一颗蛋中取出蛋清加上一些糖，在厨房里做了一些饼干；然后她捧了一盘饼干站在学校附近，将饼干售给正放学回家的学童，一块饼干一分钱。"明天多带点钱来，"她说，"我每天都会带着饼干在这儿。"第一周，她不只赚了4.15元，同时也为生活带来情趣。她为自己及儿童们带来了快乐，现在没有时间去忧愁了。

这位来自伊利诺伊州梅梧市的沉静的家庭主妇相当有野心，她决定向外扩展——找个代理人在嘈杂的芝加哥出售她的家制饼干。她羞怯而害怕地和一位在街头卖花生的意大利人接洽。他耸耸肩膀，说他的顾客要的是花生，不是饼干；但她第一天就赚了2.15元。

4年后，她在芝加哥开了第一家商店。店面只8尺宽。她晚上做饼干，白天出售。这位以前相当羞怯的家庭主妇，从她厨房的炉子上开创了饼干工厂，现在已拥有19家店铺——其中18家都设在芝加哥最热闹的鲁普区。

不要为缺钱烦恼，而是要为挣钱想方法。看看你的四周，你将会发现许多尚未达到饱和的行业。例如，如果你自己是一名很优秀的厨师，你也许可开设烹饪班，就在你自己的厨房内教导一些年轻人，这也是赚钱之道。说不定上门求教的学生络绎不绝。

7.不要赌博

对于那些想从赌赛马及玩吃角子机器上赢钱的人，我总是觉得很惊异。我认识一个拥有多架这种"单手土匪"机器并依靠它们为生的人，他对于那些天真得妄想打败这些早已设计来骗他们钱的机器的傻瓜，除了轻视之外，别无同情。

有一名赌赛马的老手是我成人教育班上的一名学生。根据他对赛马所具备的所有知识，也无法从赌赛马中赚到钱。然而，事实上，每年却有众多的人，在赛马中赌下60亿美金的钱——刚好是美国在1910年全国总债务的6倍。这位赛马老手说，如果他想毁灭他的敌人，再也没有比说服这位敌人去赌赛马更好的方法了。

赌博不仅会使你输掉所有的积蓄，还会打击你的上进心。要想创富，就要远离赌博。

简朴让你专注于事业

一个奢侈成风、沉溺于奢华享受的人是很难有所作为的，当一个人把精力放在吃穿用度上，想的全是如何过奢靡的生活时，就很容易"玩物丧志"，你要知道，你把精力投放于香车宝马上时，你损失的不仅是金钱，还有时间。

两次获得诺贝尔奖奖金的居里夫人一直过着简朴的生活。她和彼埃尔·居里结婚时的新房里，只有两把椅子，正好一人一把。居里觉得两把椅子未免太少，建议多添几把，为的是来了客人好让人家坐一坐。居里夫人却说："有椅子是好的，可是，客人坐下来就不走啦。为了多一点时间搞科学，还是一把不添吧。"

几年之后，这对没有给自己的新房增添一把椅子的年轻夫妇，却给世界化学宝库增添了两件闪闪发光的稀世珍宝——钋和镭。

从1933年起，居里夫人的年薪已增至4万法郎，但她照样"吝啬"。她每次从国外回来，总要带回一些宴会上的菜单，因为这些菜单都是很厚很好的纸片，在背面书写物理、数学算式，方便极了。她的一件毛料旅行衣，竟穿了一二十年之久。有人说居里夫人一直到死"总像一个匆忙的贫穷妇人"。

有一次，一位美国记者追踪这位著名学者，走到村子里一座渔家房舍门前，他向赤足坐在门口石板上的一位妇女打听居里夫人，当她抬起头时，记者大吃一惊：原来她就是居里夫人！

所谓"创业容易守业难"，随着生活条件的改变，便有人把注意力放在了享受上，贪图安逸、竞相攀比。在他们一掷千金的背后是一颗空虚的心灵，无所事事的结果带来的当然是败业，"由俭入奢易，由奢入俭难"，一旦养成了奢侈的生活习惯再想返璞归真，就是难上加难。记住，每当你把别人用在事业上的时间花在吃喝玩乐、穿衣打扮上时，你多花一分钱，你付出的就是十倍百倍于别人的代价。

古罗马皇帝在临终时，给罗马人留下这样一句遗言："勤奋工作，简单生活。"当时，他的周围聚满了士兵。罗马人有两条伟大的箴言，那就是"勤奋"与"功绩"，这也是罗马人征服世界的秘诀。那时，任何一个从战场上胜利归来的将军都要走向田间。那时在罗马，最受人尊敬的工作就是农业生产。正是全体罗马人的勤奋，终于使这个国家逐渐变得富强。

但是，当财富和奴隶慢慢增多时，罗马人开始觉得劳动变得不再重要了。于是，他们忘记了那句朴实的真理，把精力投在了享乐与竞相攀比上。结果导致罪犯增多、腐败滋生，这个国家开始走向衰败。最终，一个伟大的帝国就这样消失了。

爱尔兰作家萧伯纳也曾说过："认为节俭是一种不漂亮的行为的人是最荒唐无稽的。"凡是能保持事业长盛不衰、财富源源不断的人总会留住这个简朴的本色。

罗蒙诺索夫出生于一个渔民家庭，童年时代生活非常贫困。成名以后，罗蒙诺索夫仍然保持着简朴的生活习惯，毫不讲究穿着，而是埋头于学问研究。

有一次，一个专爱讲究衣着却不学无术而又自作聪明的人看到罗蒙诺索夫衣袖的肘部有个破洞，就指着窟窿挖苦说："大家从那儿可以看到您的博学吗？先生？"

罗蒙诺索夫毫不迟疑地回答："不，一点也不！但是，先生，从这里可以看到你的愚蠢。"

罗蒙诺索夫的窟窿正映衬出了那些以貌取人、视节俭为耻辱的人的无知。永远不要鄙视这个窟窿，它正是一个人、一个家族不会衰败的根基。"一个人生活越节约，他的心灵与上帝越接近。"如何做一个节俭持家的人？不妨参考以下建议：

（1）训练自己有计划地使用钱。要学会预算，超出预算内的金钱要三思而用之，绝不可随便多花一分钱。

（2）约束购物欲望，理智消费。在你心情不好的时候不要出门购物，因为这时候的你常常会把郁闷的心情发泄在购物上而买回一大堆自己并不需要的东西。记住：不需要的东西买了，即使再便宜也是浪费。

（3）拥有一个只进不出的账户。在银行设立一个账户，每隔一段时间都定期往里存一定的钱，不管多么拮据，都不要轻易花里面的钱。

（4）意外收入也要一视同仁。当有一笔超出你预期的财富划入你的账户时，千万不要因为这是意外之喜而肆意挥霍，把它看作是你用劳动获得的一部分，珍视它，绝不纵容自己在使用它时大手大脚。

第十五章

保持激情，点燃成功的火炬

充满热忱去行动

一个人成功并获取财富的因素有很多，而居于这些因素之首的就是热忱。英文中的"热忱"是由两个希腊字根组成的，一个是"内"，一个是"神"。事实上一个热忱的人，等于是有神在他的内心里。热忱也就是内心里的光辉———一种发自内心的炽热的光辉。

无论任何地方都能培养出热忱，其回报必然是积极的行动、成功和快乐幸福。这可以从体育比赛中看出来。我常引述纽约中央铁路公司前总经理佛瑞德瑞克·魏廉生的话："我愈老愈相信热忱是成功的秘诀。成功的人和失败的人在技术、能力和智慧上的差别通常并不很大，但是如果两个方面都差不多，具有热忱的人将更能得偿所愿。一个人能力不足，但是具有热忱，通常会胜过能力很强、但是欠缺热忱的人。"魏廉生的话清楚地反映出他自己的观念，因此就写了一本小册子，谈论热忱的重要性，并给每个成员都发了一份。

南非的一位学员阿尔夫·麦克依凡运用了热忱原则，和一个难缠的顾客建立了生意往来。麦克依凡是一家出租起重机给承包商的公司的推销员。那位被他称之为"史密斯先生"的人总是非常粗鲁无礼，经常大发脾气，见了两次面，"史密斯"都拒绝听他的解说。但是麦克依凡还是要再见史密斯一次。麦克依凡说出了经过："史密斯先生又在发脾气，站在桌子前面向另一个推销员大声吼叫。史密斯先生脸红得像以前一样，而那个可怜的推销员正浑身抖个不停。我不愿意让这种景象吓倒我，我决心表现出我的热忱。我走进他的办公室，他粗声粗气地说：'怎么又是你。你要什么？'在他继续说下去之前，我先展开微笑，以平静的声音和最热忱的态度对他说：'我要将所有你要的起重机租给你。'他站在办公桌后面15秒钟没有说话。他以很不解的眼光看着我，然后说：'你坐在这里等我。'他在一个半小时以后回来，招呼我说，'你还在这里？'我告诉他我有非常好的计划提供给他，因此我必须要向他介绍了这个计划之后才会离开。结果我们订了一年的合约，并且还新开展了一些业务。"

对于创业者们来说，热忱能使他们发挥更大的潜力，能为他们赢得更多的创富机会。而且热忱不能只是表面功夫，必须发自一个人的内心，假装的热忱不可能持续多久。产生持久的热忱方法之一是定出一个目标，努力工作去达到这个目标，而在达到这个目标之后，再定出另一目标，再努力去达成。这样做可以提供兴奋和挑战，如此就可以帮助一个人维持热忱。

詹姆士·伦第威曾经参加我在明尼亚波利斯开的课，那时候他在为约翰韩考克保险公司推销人寿保险。他极为热心于我的课程，以至于他被公司调到密苏里州圣路易市之后，就去找那里的负责我的课程的经理雷德·史托瑞，志愿担任小组长（由毕业学员担任，做协助教师的工作），最后自己也获得了担任教师的资格。

不到一年的时间，伦第威就升任了人事经理，并且在圣路易建立了业绩最优的推销员群。他已经有资格买凯迪拉克车了，但是他还不满意，他去找他的上司，说是他如果做现在的工作，做久了就不会快乐。他说："我要做你的工作或者和你差不多的工作，否则在今年年底之前我就会辞职不干了"。他做人事经理做得太好了，公司不愿意失去他。在第二年初，他被派到俄克拉荷马州杜沙市担任分公司经理。以前公司在杜沙没有分公司，没有推销人员，没有顾客，但是不出一年伦第威雇用了42名推销员，并且打破了公司的推销纪录。

后来，公司把他调到波士顿担任那里的发展训练经理，负责在全美国各地设立分公司。过了一年，公司派他回到圣路易市，担任地区副总经理，而这时候，他才30岁刚出头。不论在什么地方，只要有时间，他就会为我的培训班上课。不到35岁，伦第威的职务又调动了——调为公司的副总经理。

不论男女，只有像伦第威这种对工作抱有高度热忱和兴趣的人，才会有资格在我的课程上担任授课任务。通过伦第威的故事，我们可以得出以下几点关于热忱的好处的结论：

（1）增加你思考和想象的强烈程度。

（2）使你获得令人愉悦和具有说服力的说话语气。

（3）使你的工作不再那么辛苦。

（4）使你拥有更吸引人的个性。

（5）使你获得自信。

（6）强化你的身心健康。

（7）建立你的个人进取心。

（8）更容易克服身心疲劳。

（9）使他人感染你的热忱。

热忱就像汽油一样，用得好，它就会做一些有意义的工作；反之，就会带来灾难。热忱失控可能会使你垄断谈话的内容，如果你一直谈论你自己，则其他人就会降低和你谈话的意愿，并且在你寻找帮助和建议时，拒绝给你帮助和建议。

你必须注意不要让你的热忱蒙蔽了你的判断力，更不要因为你认为某项计划很好，就把它泄露给你的竞争对手。如果你能看出它的价值，别人同样也看得出来。在你所拟的计划还需要其他资源或环境配合之前，切勿匆忙付诸实施。

别把所有的热忱都用来消遣时光，你将不再有多余的热忱来实现你的明确目标，而且你很快就会连做一些消遣活动的资源都没有了。

让我们的内心也充满热忱吧，对生活、对别人、对未来。如果能做到这一点的话，成功与创富的机遇一定会降临到我们身上。

如何培养热忱

热忱可以鞭策一个人从浑噩中奋起做事。有这样一个例子：

纽约州柴第凯的凯布陆那医生，讲到他以前想寻求支持，在他那个郡里面成立美国防癌协会分会，但却遭到挫折的情形。他说："我提出每一办法，每一建议，别人都会说'我们以前做过，但是没有结果'或者是'没有人会有兴趣'。我大为恼火，心里难过。大概一星期以前，我和我医院里的同事谈及此事，我不再像以前那样只是坐在办公桌前面，我站起来了，热忱地说出我的理由、主张。我并没有到处乱跳乱蹦、乱叫乱喊，我只是表现出我的诚恳、热情、渴望和愿意追求一个目标。这种感觉是不容易描述出来的，但是可以从我的听众的密切注意和面部表情看得出来。结果是大家都积极活动，支持我们在那里成立这么重要的一个组织。"

培养热忱首先也要去处理他们最不感兴趣的事。而在努力工作后，他们会发现这些事，并不如他们以前所想的那样无趣或困难。该如何做呢？

（1）制定一个明确目标。

（2）清楚地写下你的目标、达到目标的计划，以及为了达到目标你愿意做的付出。

（3）用强烈欲望作为达成目标的后盾，使欲望变得狂热，让它成为你脑子中最重要的一件事。

（4）立即执行你的计划。

（5）正确而且坚定地照着计划去做。

（6）如果你遭遇到失败，应再仔细地研究一下计划，必要时应加以修改，别只因为失败就变更计划。

（7）与你求助的人结成智囊团。

（8）断绝使你失去愉悦心情以及对你采取反对态度者的关系。务必使自己保持乐观。

（9）切勿在过完一天之后才发现一无所获。你应将热忱培养成一种习惯。

（10）保持着无论多么遥远，你必须以达到既定目标的态度推销自己，自我暗示是培养热忱的有力力量。

（11）随时保持积极心态，在充满恐惧、嫉妒、贪婪、怀疑、报复、仇恨、无耐性和拖延的世界里不可能出现热忱；热忱需要积极的思想和态度。

"你怎么能够使学员的热忱增加5倍？"有些在我课程上担任授课的教师这样问我，我在给我的同事茂瑞·莫休的一份备忘录中这样写着：

第一，强迫自己采取热忱的行动，你就会逐渐变得热忱。

第二，深入发掘你的题目，研究它、学习它，和它生活在一起，尽量搜集有关它的资料。这样做下去就会不知不觉地使你变得更为热忱。例如，我以前对于崇拜林肯并不热忱，直到我写了一本有关林肯的书以后才改变，现在我非常热忱地崇拜他。华盛顿可能是和林肯一样伟大的人物，但是我对他并不如我对林肯那样崇拜，因为有关华盛顿的事我知道得并不太多。对于任何事情，只有在深入了解以后，你才会产生出热情。

　　我有两个邻居。一个是公鉴名人，如果请他谈公鉴方面的事，他可以说上一整天；另一个是有名的雕刻家，对于雕刻他可以立刻表现出热忱，但是对于公鉴方面的事，他就不可能表现出热忱了。

　　我太太桃乐丝并不崇拜林肯，因为她对林肯知道得不多，但她几乎可以说是莎士比亚的权威专家，因此只要谈到莎士比亚，她就会兴奋得不得了。莎士比亚的事我知道得很少，林肯的事我知道得很多，我崇拜莎士比亚的热忱，不及我崇拜林肯的热忱的2/3。

　　热忱是什么？热忱就是将内心的感觉表现到外面来，让我们把重点放在促使人们谈论他们最感兴趣的事上，如果我们做到这一点，说话的人就会像呼吸一样的，不自觉地表现出生机。我们教课要尽量从人们的内心着手。

　　热忱和大声讲话或呼叫不是一码事。我还这样写道：

　　我说热忱，是指一种热情的精神特质，是深入人的内心里……我喜欢称之为"抑制的兴奋"。如果你内心里充满要帮助别人的愿望，你就会兴奋。你的兴奋从你的眼睛、你的面孔、你的灵魂以及你整个为人方面辐射出来。你的精神振奋，而你的振奋也会鼓舞别人。

　　在我的办公桌上和我家的镜子上都有同样一块牌子，巧的是麦克阿瑟将军在南太平洋指挥盟军的时候，办公室墙上也挂着一块牌子，上面写着同样的座右铭：

　　你有信仰就年轻，疑惑就年老；

　　有自信就年轻，畏惧就年老；

有希望就年轻，绝望就年老；

岁月使你皮肤起皱，但是失去了热忱，就损伤了灵魂。

这是对热忱最好的赞词。培养发挥热忱的特性，我们就可以对我们所做的每件事情，加上火花和趣味。

一个热忱的人，无论从事的是什么职业，都会认为自己的工作是一项神圣的天职，并怀着深切的兴趣。对自己的工作热忱的人，不论工作有多么困难，或需要多大的训练，始终会用不急不躁的态度去进行。只要抱着这种态度，任何人一定会成功，一定会达成目标。

爱默生说过："有史以来，没有任何一件伟大的事业不是因为热忱而成功的。"这真是一句精彩的忠告，它不仅是华美的词藻，更是一个指导成功的路标。

如果认为你的热忱应该发生作用，而它却跟不上你发挥其他原则方面的进度时，你可以利用一些简单的练习来刺激你的热忱。

（1）进行热忱的行动。这个建议好像是不必要的吧！不，它是有必要的。不要以为你以热忱的态度参加会议，就不用再谈这项建议了。自信地和他人握手，以明确的言辞回答问题，坚定地主张你的观念和建议所具有的价值。理想的情况是以自己的热忱，使这些行为都变成自动自发的反应。但如果你能有意识地执行这些行为的话，你将会看到积极结果，而这又会再燃烧热忱的火花。

（2）记好热忱的日志。你的热忱高涨时，可将它记在记事簿里，记录激发热忱的环境，以及因为热忱而表现出来的举动：你会因为被激励而展开行动吗？你解决问题了吗？你说服某人了吗？同样，在记事簿中记入你的明确目标和达到目标的计划，每当你的热忱高涨时就把它记下来。这不但会提醒你出现热忱的原因，同时也能使你回顾一下热忱所带来的好处。热忱就像一个螺旋，它会向内转或向外转，也会上升或下降，使你的热忱循着正确的方向发展。当热忱的螺旋转错方向时，不妨回顾一下你的记事簿。

（3）做一些"办得到"的工作。从另一种角度讲"办得到"的工作就像是拐杖一样，但如果你不出门，拐杖对你是不会有什么帮助的。"办得到"的工作，是你知道你能做得既好又快的工作。你应该使它的和你的明确目标发生关系，以使它能帮助你引导并且控制你的热忱。例如你有一家五金行，虽然你的责任不是照顾销售柜台，而是在后面的办公室中处理业务，但你却很清楚你对于销售工作是多么的感兴趣，这个时候你不妨站到销售的柜台边卖一些东西，以重新振奋一下你的热忱。

失败时为自己打气

一个人在奔赴成功的路上，最害怕的就是自己缺乏必胜的信心。一个人光有发达的四肢、健壮的肌体，这并不是一个完全健康的人。在一个发育良好的体内，必须同时具有一种正常而良好的心理，这才是我们获得幸福、取得成功的前提。

这世上信心不足的人数和营养不良的人数一样多。信心不足这种"疾病"会使人把自己约束在昨日的生活模式之中，而不敢轻易尝试突破现状，过着没有明天、没有希望的日子。营养不良，会使人身体无法正常发育；同样的，信心不足会使人能力无法得到充分发挥。

不同的是，营养不良有药可医，信心不足必须靠自身努力来医治。以下是拳击手杰克·丹普先生远离忧虑的故事：

在我的拳击生涯中，我发现最强劲的敌人不是那些重量级的选手，而是自己内在的情绪困扰，因为情绪上的忧虑不但会消耗体力，还会影响拳击的进行。所以，我为自己制定了一套原则，借以保持充沛的体力与旺盛的精力。这一套原则就是：

（1）为了让自己有充分的勇气，每当拳赛开始前我都会自我鼓励一番，反复地对自己说："不要怕，没有什么可以伤得了我的，他击不倒我。"这种积极的鼓舞确实产生了不少作用。

例如，在我和佛波比赛的时候，我不断地对自己说："没有人敌得过我，他伤不了我，他的拳头伤不了我，我不会受伤，不管发生什么事，我一定要勇往直前。"像这样为自己打气，使想法趋向积极，对我帮助很大，甚至使我不觉得对方的拳头在攻击。

在我的拳击生涯中，我的嘴唇曾被打破，我的眼睛被打伤，肋骨被打断，而佛波的一拳将我打得飞出场外，摔在一位记者的打字机上，把打字机压坏了，但我对佛波的拳头却并无感觉。只有一次，那天晚上李斯特·强森一拳打断了我的三根肋骨，那一拳虽不致让我倒下，但影响到了我的呼吸。我可以坦白地说，除此之外，我在比赛中未对任何一拳有过知觉。

（2）我一再地提醒自己，忧虑不但于事无补，反而还会产生相反效果。我的大部分忧虑，都出现在我参加重大比赛之前，也就是接受训练期间。我经常在半夜醒来，一连好几个钟头，心里十分忧虑，辗转反侧，无法成眠。我担心会在第一回合中被对方打断手，或扭了脚踝，或眼睛被严重打伤，如果是这样的话我就不能充分发挥攻势。所以，每次我因为担心第二天的赛程而睡不着觉时，就会下床对着镜子中的自己说："你真是个傻瓜，何必为了尚未发生的事或根本不会发生的事而担忧呢？人生如此短暂，应该好好把握、享受生命才是啊，还有什么比健康更重要呢？"这样日复一日、年复一年地提醒自己，久而久之，这些话好像印到我的骨髓里，经常不自觉地就浮现在脑海中，帮助我克服了许多情绪上的困扰。

世界上不是每个人都要面临着十分巨大的困难，但是每个人都存在着若干问题。每个人都能通过暗示或自我暗示让激励标记产生作用。一种最有效的形式就是有意记住一句自我激励语句，以便在需要的时候，这句话能从下意识心理闪现到有意识心理，如："我激励你！"

阿廉·方索斯是美国密苏里州东南地区某农场的一个病弱的孩子。他在小学遇到了一位优秀老师，这位老师鼓励小阿廉·方索斯去改变自己的世界。老师用挑战的方式鼓励他："我激励你！""我激励你成为学校中最健康的孩子！""我激励你"成了阿廉方索斯一生自我激励的语句。

他果真变成了学校中最健康的孩子。他在85岁逝世之前，帮助了数以千计的青年获得良好的健康，他还帮助他们立志高远、做事刚勇、服务周到。

"我激励你！"激励着他建立了美国最大的公司之一——若尔斯通培里拉公司；"我激励你！"激励他从事创造性的思考，把负债转化为资产；"我激励你！"激励着他组织美国青年基金会——它的目的是训练男女青年独立生活的能力。

"我激励你！"激励着阿廉·方索斯写了一本书，名叫《我激励你》。今天这本书正在激励着人们勇敢地把这个世界改造为更好的社会。

每天早晨给自己打气，这在心理学上是非常重要的。阿廉·方索斯作了多么好的一个证明：一句自我激励语有力地帮助人们发挥积极的心态！如果你要加强信心，可采用以下方式：

（1）正确评价自己的才能与专长。你不妨将自己的兴趣、嗜好、才能、专长全部列在纸上，这样你就可以清楚地看到自己所拥有的东西。另外，你也可以把做过的事制成一览表。譬如，你会写文章，记下来；你擅长于谈判，记下来；另外，打字、演奏乐器、修理机器等事情，你都可以记下来。知道自己会做哪些事，再去和同年龄其他人的经验做比较，你便能了解自己能力的强弱。

（2）利用微笑鼓舞勇气。许多人都知道，微笑对他们有较大帮助。微笑是治疗"信心衰弱症"的最佳药方。但许多人还是将信将疑，他们在恐惧的时候，也从未试图微笑过。

做个小小试验：试着在感觉沮丧、失败的时候微笑。一般讲来，你做不到。因为微笑与失败难以并存。但微笑会战胜恐惧、赶走忧虑，也会击垮你的依赖情绪。

一个真正的笑脸远比仅仅治疗你的不良感觉有用得多。一个真正的微笑，可以融化别人对你的反对意见。面对你的微笑，别人也不可能暴跳如雷。

微笑会使你觉得"幸福日子又回来了"。但是一定要充分自然地笑，半笑不笑或皮笑肉不笑均不能表示你的善意。笑至露齿，这种充分的微笑才能取得最佳效果。

（3）恢复优越感与自信心。笑就是胜利的表现，的确，笑可以说是一种优越感的表现。运动场上的胜利者，常常面带笑容，这就是因为他这时陶醉在优越感里。当我们观赏滑稽故事或相声时，也都会被引得哈哈大笑起来。

如果你能积极利用这种笑的效果，则可医治因失败而产生的悲观和紧张，甚至可将绝望感吹得无影无踪。怪不得有许多人在快快不乐时，就会跑到游乐场所去调剂一下情绪。同样地，如果在忧郁的时候，读一读身旁的漫画或幽默小说，心情立刻会开朗起来，甚至干劲十足。换句话说，利用外界的刺激，来引发自己大笑，便会使自己恢复优越感或自信心。

同样地，不管想尽什么办法，都不易把忧郁症消除殆尽。在这种情况之下，最有效的办法，莫过于先创造一个令人发笑的环境。不愉快的心情常会因阅读幽默小说或漫画，而在不知不觉中开朗起来，当然，斗志也跟着旺盛起来。

重视自我激励的力量

人的一切行为都是受到激励而产生的。你激励别人，别人也激励你，同时通过不断地自我激励，会使你有一股内在的动力，朝着期望的目标奋斗，最终到达生命的高峰。

没有人是不受到激励而去做任何事的。当你为了任何一定的目的而要激励自己或激励别人时，就必须有积极的心态、美好的希望。激励的动因是人体内的一种"内部体能"，我们每个人自身都有一个巨大的宝库，只要找到了自我激励的钥匙，打开它，并行动起来，那么你就能打开成功的大门。

任何一个阳光的人面对着一个严重的个人问题时，自我激励语句就会从潜意识闪现到显意识去帮助他。在紧急情况下，特别是在死亡的大门即将开启的时候，这一点就显得尤为重要。约翰的情况就是这样。

午夜1点30分。在医院的一间病房里，两位女护士正紧张地工作着——每人各抓住约翰的一只手腕，力图摸到脉搏的跳动。因为约翰在整整6个小时里都未能脱离昏迷状态。医生已经做了他所能做的一切事情，然后离开了这个病房，给其他病人看病去了。

约翰不能动弹、谈话或抚摩任何东西。然而，他能听到护士们的声音。在昏迷时期的某些时间里，他能相当清楚地思考。他听到一位护士激动地说：

"他停止呼吸了！你能摸到脉搏的跳动吗？"

回答是："没有。"

他一再听到如下的问题和回答：

"现在你能摸到脉搏的跳动吗？"

"没有。"

"我很好，"他想，"但我必须告诉她们。无论如何我必须告诉她们。"

同时他对护士们这样近于"愚蠢"的关切又觉得很有趣。他不断地想："我的身体状况良好，并非即将死亡。但是，我怎样才能告诉她们这一点呢？"

于是他记起了他所学过的自我激励的语句：如果你相信你能够做这件事，你就能完成它。他试图睁开眼睛，但失败了。他的眼睑不肯听他的命令。

事实上，他什么也感觉不到。然而他仍努力地睁开双眼，直到最后他听到这句话："我看见一只眼睛在动——他仍然活着！"

"我并不感觉到害怕，"约翰后来说，"我仍然认为那是多么有趣啊！一位护士不停地向我叫道：'约翰先生，你还好吗……'对这个问题我要以闪动我的眼睑来作答，告诉她们我很好，我仍然在世。"

这种情况持续了一段相当长的时间，直到约翰通过不断的努力睁开了一只眼睛，接着又睁开另一只眼睛。恰好这时候，医生回来了。

医生和护士们以精湛的技术、坚强的毅力，使他起死回生了。

无论别人如何评价你的能力，你绝不能容许自己怀疑自己成就一番事业的能力，你绝不能对自己能否成为杰出人物心存疑虑。要尽可能地增强你的信心，在很大程度上，运用自我激励能使你成功地做到这一点。

（1）读名人传记。经常地阅读一些名人的传记，特别是你所喜欢的名人的传记，你会发现你能从那个名人的身上汲取到你所需要的力量，作为自己成功的动力。

（2）做自己怕做的事情。这类人一般是属于极度缺乏自信心的人。做这种事的目的就是要从中获得一次成功的机会，从而增加自己的自信心。

（3）积小胜为大胜。每个小小的胜利对于其本身来说算不了什么，但是把这些小小的胜利积累起来，到了一定的时间，就是一个大大的胜利了。

（4）再给自己一个机会。人非圣贤，孰能无过？过而能改，善莫大焉。每个人都有犯错误的时候，只要能改过来，就是好的，可是你得给自己一个改过的机会，这样对自己才是一个公平的举动。

（5）给失败找出适当的原因。人们最害怕的事情就是毫无理由的失败，即便是失败了，也得找出一个理由。这不是掩盖自身的问题，而是给自己的心理找一个安慰，这样就不至于把自己的自信心也输掉。

（6）改变成功的观念。成功并不是说非得要打败对手，独占鳌头，真正的成功是指自己的自我价值得到社会的肯定，自己的人生价值得到周围人的肯定。

要重视自我激励的力量，让它成为你立身行事、成就大业的人生资本。

第十六章

勇担责任，尝试为世界添点色彩

问题　　　　终结中

绝不逃避，勇敢担责

蜜蜂的天职是采花造蜜，猫的天职是抓捕老鼠，蜘蛛的天职是张网捕虫，而狗的天职就是忠诚地服务主人，造物主对每个物种都有职责上的安排。人，作为万物的灵长、天地的精英，同样具有与生俱来的责任。人来到世上，并不是为了享受，而是为了完成自己的使命。

每一个人从出生那一天起，就拥有了作为社会和国家的一员应当拥有的权利，他不需要什么前提条件。但同时，我们不能忽视的是，权利因为责任而存在，在上天赋予我们权利的同时，也赋予了我们相应的责任，这也是不需要什么前提条件的。只有在履行责任的前提下，才能充分享受权利。承担责任是人的天职。

一对年轻的父母带着他们可爱的孩子去游玩，风景很美丽，他们也非常开心，一切都是美好的。然而他们不知道，灾难正在一步一步逼近。

为了欣赏更美好的风光，他们一家一起坐上观光的高空缆车。正当他们为美不胜收的美景而陶醉的时候，忽然缆车从高空坠落。灾难突然降临，大家认为没有人会生还，因为缆车离地面的距离太高了。然而，营救人员却带来唯一幸存者，一个两三岁的小孩。

一位营救人员说：缆车坠落时，是他的父母将他托起，他的父母用自己的身躯阻挡了缆车坠落时致命的撞击，孩子因此得救了。

所有在场的人无不为之肃然，他们不只是感动还深受震撼。这就是父母，在生命的最后一刻，仍旧没忘记保护孩子的责任，在危难的瞬间，用自己的双肩托起了孩子的生命。

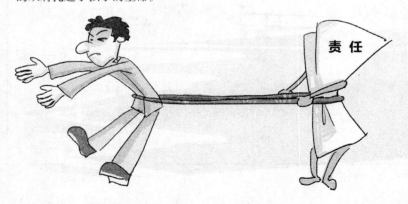

　　这就是责任，这是对责任的最好阐释。因此，责任也是一种使命，是人生最根本的义务。责任能让一个人充满信念地生活，能让家庭充满爱，能让社会平安、稳健地发展。守住责任，就守住了生命最高的价值，守住了人性的伟大和光辉。

　　责任是人生最根本的义务和使命，是我们实现个人价值和人生理想的前提。效仿伟人践行责任的精神，把使命感和责任心融入日常的工作和生活中，你的事业和人生必将因此而变得更加辉煌和壮阔。责任不仅仅是承担应尽的义务，同时还要对自己行为引发的后果负责。

　　1920年的一天，美国一位12岁的小男孩正与他的伙伴们玩足球，一不小心，小男孩将足球踢到了邻近一户人家的窗户上，一块窗玻璃被击碎了。邻居向他索赔12.5美元，这在当时并不是一个小数目。

　　回到家，闯了祸的小男孩怯生生地将事情的经过告诉了父亲。过了很长时间，父亲才冷冰冰地说道："家里虽然有钱，但是你闯的祸，就应该由你自己对过失行为负责。"停了一下，父亲还是掏出了钱，严肃地对小男孩说："这些钱我暂时借给你，不过，你必须想法还给我。"小男孩从父亲手中接过钱，飞快地跑过去赔给了邻居。

　　从此，小男孩一边刻苦读书，一边用空闲时间打工挣钱还父亲。由于他人小，不能干重活，他就到餐馆帮别人洗盘子刷碗，有时还捡捡废品。经过几个月的努力，他终于挣到了12.5美元，并自豪地交给了他的父亲。父亲欣然拍着他的肩膀说："一个能为自己的过失行为负责的人，将来是一定会有出息的。"

　　许多年以后，这位男孩成为美利坚合众国的总统，他就是里根。后来，里根在回忆往事时，深有感触地说："那一次闯祸之后，使我懂得了做人的责任。"

　　无论做人还是做事，都要承担责任，责任是上天赋予的使命。责任无法逃避，我们只有勇敢地承担责任。用一颗虔诚的心来履行自己的责任，你会发现人生的多姿多彩。

　　弗洛伦斯·南丁格尔是英国护理学先驱、妇女护士职业创始人和现代护理教育的奠基人，被誉为"护理学之母"。

　　在1854～1856年的克里米亚战争中，她带着护士小分队来到战场为双方伤员服务。战争非常惨烈，常常是几个小时之间，就运来了成百上千的伤员。南丁格尔需要在这个痛苦嘈杂的环境中把事情安排得井井有条，有时她需要连续站立二十多个小时。

"我曾经和她一起做过很多非常重大的手术，她可以在做事的过程中把事情做到非常准确的程度……"一位和她一起工作过的外科医生说，"特别是救护一个垂死的重伤员，我们常常可以看见她穿着制服出现在那个伤员面前，俯下身子凝视着他，用尽她全部的力量，使用各种方法来减轻他的疼痛。"

一个伤员说："她和一个又一个的伤员说话，向更多的伤员点头微笑，我们每个人都可以看着她落在地面上的那亲切的影子，然后满意地将自己的脑袋放回到枕头上安睡。"另外一个士兵说："在她到来之前，那里总是乱糟糟的，但在她来过之后，那儿圣洁得如同一座教堂。"

正是在对她所热爱的护理工作的强烈责任感的驱使下，在短短3个月的时间内，南丁格尔使伤员的死亡率从42%迅速下降到2%，创造了当时的奇迹。

南丁格尔不推卸自己分内的责任，以虔诚的态度去完成自己的工作使命，责任感使她成为人们所敬仰的光辉女性。南丁格尔的故事告诉我们，一个人来到世上并不是为了享受，而是必须完成自己的使命——承担责任。

承担责任其实就是做好社会赋予你的任何有意义的事情。从人生大义上来讲，责任是我们完善和成就自己的一双翅膀。我们不能逃避责任，逃避责任就意味着我们失去了实现自己价值的机会。一个人只有具备了勇于负责的精神，才会产生改变一切的力量。

负起责任是成功的保障

负责是成功的关键。一个不负责的人永远不可能获得成功，他如同一个莽汉，对自己的行为不加约束，不加重视，做事既没有严谨负责的精神和态度，也没有清晰的规划，最终只能接受失败的下场。相反，一个有强烈责任感的人，就像一个有计划的工程师，时时刻刻让事情朝着自己想要的方向发展，从而取得成功。

克里·乔尼是一位火车后车厢的刹车员，因为他聪明、和善，常常面带微笑而受到乘客们的欢迎。

一天晚上，一场暴风雪不期而至，火车晚点了。克里抱怨着，这场暴风雨不得不使他在寒冷的冬夜里加班。就在他考虑用什么样的办法才能逃掉夜间的加班时，另一个车厢里的列车长和工程师对这场暴风雪警惕了起来。

这时，两个车站间，有一列火车发动机的汽缸盖被风吹掉了，不得不临时停车。而另外一辆快速车又不得不拐道，几分钟后就要从这一条铁轨上驶来。列车长赶紧跑过来命令他拿着红灯到后面去。克里心里想，后车厢还有一名工程师和助理刹车员在那儿守着，便笑着对列车长说："不用那么急，后面有人在守着，等我拿上外套就去。"列车长一脸严肃地说："一分钟也不能等，那列火车马上就要来了。"

"好的！"克里微笑着说，列车长给他安排了任务后又匆匆忙忙向前面的发动机房跑去了。但是，克里没有立刻就走，他认为后车厢里还有一位工程师和一名助理刹车员在那替他扛着这件工作，自己又何必冒着严寒和危险，那么快跑到后车厢去。他停下来喝了几口酒，驱了驱寒气，这才吹着口哨，慢悠悠地向后车厢走去。

他刚走到离车厢10多米的地方，才发现工程师和那位助理刹车员根本不在里面，他们已经被列车长调到前面的车厢去处理另一个问题了。他加快速度向前跑去，但是，一切都晚了，在这可怕的时刻，那辆快速列车的车头，撞到了自己所在的这列火车上，受伤乘客的嘶喊声与蒸汽泄漏的嗞嗞声混杂在了一起。

后来，当人们去找克里时，在一个谷仓中发现了他。此时，他已经疯了，在凭空臆想中叫喊着："啊，我本应该……"

他被送回了家，随后又被关进了精神病院。

责任承载着个人的基准和道德的操守，落实就是对责任的坚守。

责任到此，不能再推。对责任的推卸，只能是对自己的一种伤害。坚守责任，则是守住生命中最高的价值，守住人性的伟大和光辉。

责任是认为世界和人生欠我们多少的时候，也感觉到我们欠世界和人生究竟是多少。而对别人的责任，是当你用手按住自己的伤口时，不为自己的生死所限制，在为受伤的别人分担着所有的痛苦。

责任是国家让每个公民都应该享有的。而公民对国家又负有什么责任呢？不能忘记责任这两个字。对他人不负责任，就是对自己不负责任。人是家庭的一分子，也是社会的一分子。人如果在这两个方面都尽到了责任，那么当死神突然降临时，也就问心无愧而少有遗憾。

责任不会理睬厄运的压力。就是喝下了许多苦水，它也不会杂乱无章。责任的格言是："如果某一件事的原状是如此，那就是如此，不容变更。"

生活让人感到美好。创造这种美好生活的就是那有责任感的一类人。由于他们对生活的热爱，对人类、对大自然、对一切美好事物的爱，才认识到了自己，而在努力地向社会做出贡献，以尽到自己的责任。

不推诿塞责，是承担责任最本质的要求，也是最能展示一个人职业素养的细节。在一个单位里工作，面对老板或上司追究责任，是一件非常尴尬的事情。但无论多么没面子，只要是自己的责任，哪怕只是一点点错失，都应该去承认，千万别去辩解，别去找客观原因。

一个人要想要在事业上有更好的表现，在生活上有更舒适的改善，那这个人一定要在工作中和生活上对自己的行为负起责任。在工作上要尽心尽责完成上级交给的任务。人一旦树立了这样的思想意识，就会发现以前认为困难的事情，现在会便得轻松起来。越是认真负责，得到的就越多。然而，一个人的责任感不是很好培养的，所以我们要从小事、不起眼的事情做起，同时也要负起你认为是大事的责任。

负责是成功的关键，只有我们把责任看成是自己的义务，看成是自己迈向成功的一段阶梯。只要我们做好自己的义务，努力走完这段阶梯，成功就在你面前。

责任是神圣的"职业"

　　洛克菲勒的公司遭遇到了前所未有的危机时，他突然不知道什么叫害怕，他知道必须依靠自己的智慧和勇气去战胜它。因为在他的身后还有那么多人，可能就因为自己，他们从此倒下。洛克菲勒不能让他们倒下，这是他的责任。

　　所以洛克菲勒在最艰难的时候变得异常勇敢。当他走出困境的时候，洛克菲勒对自己的勇敢表示难以置信。他在想：我会这么勇敢吗？是的，他很勇敢，但是也让他知道了，"唯有责任，才会让你战胜自身的懦弱，真正勇敢起来。"

　　当遇到困难的时候，一个主动承担责任的人会让大家十分感激，甚至就是局外人也会为这种正直和勇气而钦佩不已。但是我们是不是应该反过来思考一下，当自己面对责任的时候又会怎样呢？

　　许多人都不愿意承担责任，尤其是一些公司里的员工。在工作的过程中，他们假装不知道有责任和任务的存在，当事情中途出现了糟糕的局面后，便推说自己并不知道有关的任务或责任，以此来逃避，或者推卸自己应该承担的责任。

　　有一家少儿刊物的一位编辑说过："我的工作，是要反映孩子们的内心世界，反映他们成长中小小的坎坷与悲欢。怎样才能做到这一点？一种境界是蹲下来和孩子们平等交流对话，另一种是要自己再和他们重新成长一次，再来做一回孩子。只有做到这个层次，工作才是一种乐趣。和读者共同成长，一起面对，像海绵浸在水里，你的每一个毛孔都沉浸在工作中；而不是像油花浮在水面上，工作是工作，你是你。那种游离的状态不是全心全意，你也就无法体会到全心全意时与工作水乳交融的乐趣。"

　　有个老木匠准备退休，他告诉老板，说要离开建筑行业，回家与妻子儿女享受天伦之乐。老板舍不得做得一手好活计的木匠走，再三挽留，但木匠决心已下，不为所动。老板只得答应，同时问他是否可以帮忙再建一座房子。老木匠答应了。

　　在盖房过程中，老木匠的心已不在工作上了。他草草地用了劣质的技术和材料，很快就把房子盖好了。

落成时，老板来了，顺便检视一下房子，然后把大门的钥匙交给老木匠，并对他说："你为公司工作了大半辈子，为了表达公司对你的感激，我决定把这幢房子作为礼物送给你！"

老木匠愣住了！他这一生盖了多少好房子，最后却为自己建了这样一幢粗制滥造的房子。老木匠是可以为自己和家人建造一座精致的房子的，但为什么会有这样的"悔恨"发生呢？这样的结局究竟是怎样造成的呢？

很多人每天都在说谎欺骗自己的老板，用谎言遮掩他们低劣的工作质量，他们偷懒的行为，他们对公司利益的漠不关心。低劣的工作质量和偷懒，与说出来的谎言并没有什么区别。总是有一些办公室的员工，他们从不跟自己的老板直接说谎，但是他们会在有差事出去的时候偷懒，或是在上班时间藏起来抽根烟、吃点零食。他们没有认识到，谎言可以是说出来的，也可以是通过行为实现的，而后者的性质更恶劣。

美国总统林肯做过邮政局长，其实是一个只有他一个人的邮局。他要做的事情很多，有一次他为了要及时送信给当地的居民，居然徒步走了几十里的山路。很多人会认为他"太傻"或"太诚实"，然而伟人之所以是伟人，必然有其伟大之处。上面例子中的老木匠就是因为没有做事贯彻始终的恒心与毅力，所以才被社会无情地淹没与抛弃！"最后1分钟干好60秒"要的就是一种可贵的坚持，坚韧是带给你卓越一生最可宝贵的财富。好好珍惜并利用它来为我们做事，而非敷衍了事，这么做的好处是不让你将来悔恨——因为你原来有能力得到一座好房子！

如果我们把目光集中到那些影响了历史的伟人们身上，我们会发现，就像

规律一样，这些人在创业之初无法预见自己会有光辉的未来。但与那些被自己的成就冲昏头脑的年轻人相比，他们能够踏踏实实地做好每一天的工作，坚持做完手里的每一件工作，而且做得很出色。他们成功的秘诀就在于决心、恒心和诚实。

也许你在遇到困难或者做错了事情时依然会逃避责任。逃避责任是行动上的事实，但是你的内心一定不会同意你这样做。也许你心里说我要负责，可是行动起来却两腿发软。如果是这样，首先要恭喜你，你是一个心智正常的人。你所需要的就是迈出扎实的第一步！一旦迈出这一步，你就能够成为强者。

行动需要带上责任

路途虽然很近，但不走就不会到达；事情虽然很小，但不带上责任去做就不会成功。这个看似人尽皆知的道理，在许多人身上却未能引起足够的重视。他们常常把失败归于外部因素，而不从自身找原因。其中很重要的一条就是：这些人的思维只停留在幻想上，面对那些看不见、摸不着的东西总是心动不已，总以为光凭自己的意愿就能实现人生理想，就能过上自己想要的生活。归根结底，他们之所以没有成功，就是因为他们不曾采取行动。

对于责任，爱默生有过这样的阐述："责任具有至高无上的价值，它是一种伟大的品格，在所有价值中它处于最高的位置。"

责任，从本质上说，是一种与生俱来的使命，它伴随着每一个生命的始终。责任无处不在，我们的家庭需要责任，因为责任让家庭充满爱；我们的社会需要责任，因为责任能够让社会平安、稳健地发展；我们的企业需要责任，因为责任让企业更有凝聚力、战斗力和竞争力；我们的团队需要责任，因为责任让团队更有凝聚力、战斗力和竞争力。

洛克菲勒标准石油公司在人事培训上，非常重视"责任"这一课题。在公司的培训课上，有一个叫"责任者"的游戏。游戏规则是两个人一组，两个人相距一米远的距离。整个游戏必须在黑暗中进行，一个人背对另一个人仰面倒下去，另一个人站在原地不动，只是用手接着对方的肩膀，并说："放心吧，我是责任者。"接人者要确保能扶住倒下者。游戏的寓意是让每个人意识到承担责任的重要性，让每个人做一个责任者。

那么，责任到底是什么？在这个世界上，每一个人都扮演着不同的角色，每一种角色又都承担着不同的责任，从某种程度上说，对角色饰演的最大成功就是对责任的完成。正是责任，让我们在困难时能够坚持，让我们在成功时保持冷静，让我们在绝望时懂得不放弃，因为我们的努力和坚持不仅仅是为了自己，还为了别人。

佳思里亚河岸有一棵高高的合欢树，每当太阳落山时，就有几百只鸟儿飞来，栖息在树上。有一天早晨，一个捕鸟人从那里经过，他把大米撒在地上，张上大网，然后到树丛里躲藏起来。

这时，一只叫艾特尔的鸽子王领着二十几只鸽子飞来了。鸽王看见地上有许多雪白的大米粒，想道：在这人迹罕至的树林里怎么会有这么多的大米呢？这里面一定有蹊跷。

它对同伴们说："大家不要去贪吃这些大米，贪心是会上当的。"但是有一只鸽子不听鸽王的话，它说："永远不应该有疑心，疑心重的人常常吃亏。"听了它的话以后，其他的鸽子都和它一起飞到网下去啄食大米。有人曾经说过："聪明人有时也会因为贪心而吃亏的。"的确，鸽子们由于听信了那只贪心鸽子的话，结果都落入网中。

等到大家发现自己已经无路可逃时，只好你看着我，我看着你，唉声叹气，等待捕捉。鸽王知道大家都害怕了，便鼓励大伙儿说："团结和组织起来就是力量，只要我们一致行动，就能对付任何强大的力量。大家不要发愁，咱们一齐往上飞，就能把这张网抬起来，带走。"

大家听了它的话，便一齐使劲，果然把网抬上了天空。捕鸟人见此情景，只好站在地上干瞪眼。它们把网抬到了很远很远的地方以后，一只鸽子说："我们怎么能从这张网里逃出去呢？"

鸽王说："别慌，我有一个老鼠朋友，名叫勃格，我们先去找它，它能用尖利的牙咬断这网的，那时我们就自由了。"鸽子们听从了鸽王的意见，抬着网飞到老鼠勃格住的地方。

　　老鼠勃格看到一群鸽子抬着一张网飞来，感到十分奇怪，吓得赶快钻进地洞里躲起来。鸽王在外面喊道："喂，朋友勃格，你是不是生我们的气了？怎么不出门来迎接我们？"

　　老鼠听到朋友的喊声，连忙从洞里跑出来说："我今天真是高兴极了，能见到朋友，同朋友在一起玩耍、聊天，是我的最大幸福。"

　　老鼠一见鸽王和其他鸽子都陷在网里，心里很是难过，说："艾特尔朋友，你这是怎么搞的。"鸽王说："这是我的愚蠢和贪心造成的结果。"听了鸽王的叙述，老鼠就咬断网绳，解救鸽王。鸽王说："朋友，我的伙伴没有脱网以前，你不应该先救我，因为作为一个保护人，如果我没能让大家先脱险，那我就是一个极大的罪人。"

　　老鼠勃格说："常言道：'先顾自己是上策，留得青山在，不怕没柴烧。'你应该先救自己，然后再考虑救不救其他鸽子。"

　　鸽王说："朋友啊，你应该知道，身体总有一天会毁灭的，可一个人的责任是永存的。我自己的生命是微不足道的；我想先救出我的伙伴。"勃格听了朋友的话非常感动，便咬碎了网，使鸽子们都得到了自由。鸽王谢过他的朋友，带领着伙伴们，飞上了蓝天，回家去了。

　　责任能够让一个人具有最佳的精神状态，积极投入生活与工作中，并将自己的潜能发挥到极致。有责任心的人，必定是敬业、热忱、自动自发的人。在责任的内在驱使下，我们常会生出一种崇高的归属感和使命感。当我们把人生当成一项伟大的事业，用全部热情去实践的时候，生命更容易激发出绚丽的色彩，成功也变得触手可及。

　　一个再有能力的人如果没有责任感的话也不会很认真地做好一件事情，因为这样的人很容易给自己找借口不去做事情，或者做事情的时候推三推四，这样，还有谁敢把重任交给他呢？责任是一种与生俱来的使命，从来到这个世界到离开这个世界，我们每时每刻都要履行自己的责任。

做问题的终结者

　　埃尔德·克利弗说，这个世界上有两种人。一种人是看见了问题，然后界定和描述这个问题，并且抱怨这个问题，结果自己也成了这个问题的一部分。另一种人是观察问题，并立刻开始寻找解决问题的办法，结果在解决问题的过程中自己的能力得到了锻炼、品质得到了提升。

　　1861年，当美国内战开始时，林肯总统还没有为联邦军队找到一名合适的总指挥官。

　　林肯先后任用了4名总指挥官，而他们没有一个人能"100%执行总统的命令"——向敌人进攻，打败他们。最后，任务被格兰特完成。

　　从一名西点军校的毕业生，到一名总指挥官，格兰特升迁的速度几乎是直线的。在战争中，那些能圆满完成任务的人最终会被发现、被任命、被委以重任，因为战场是检验一个士兵、一个将军到底能不能出色完成任务的最佳场所。

　　在格兰特将军担任联邦军队总指挥官的期间，纽约方面派了一个牧师代表团到白宫求见林肯，要求撤换格兰特。林肯耐心地听他们讲了一个小时。然后林肯说："诸位还有话要说吗？"代表们说："没有

问　题

终结中

了。"于是林肯问道："诸位先生，你们讲得很好，我想请你们告诉我，格兰特将军喝的酒是什么牌子的？"大家回答说："不知道。"林肯说："这太令人遗憾了。如果你们能告诉我是什么牌子，我将派人购买该牌子的酒10吨，送给那些没有打过胜仗的将军们，好让他们也像格兰特一样打几场胜仗！"

为什么林肯总统这么器重格兰特？因为在当时的局势下，联邦军队大部分的将领一直在打败仗，他们甚至差点被南方军队打到华盛顿。他们中间没有一个人敢于主动进攻，更没有一个人能像格兰特那样：当他还是上校时，他就开始打胜仗；当他升为陆军准将时，他还是在打胜仗；当他升为少将时，他仍然在打胜仗。他打胜仗越来越多，规模也越来越大。他总是能利用手中的有限的军队、有限的武器，创造战场上的最大胜利。

在后来格兰特升为联邦军队的总指挥后，他更创造了战争史上一个又一个的奇迹。格兰特因为创造了无数影响后人的经典战役，他本人也被称为"战场上的想象大师。"林肯总统是格兰特最有利的支持者。而格兰特以他非凡的执行力赢得了林肯的信任。林肯在后来的评价也曾说道："格兰特将军是我遇见的一个最善于完成任务的人。"

在林肯心中，格兰特将军是一个善于找方法，克服困难的人，而不是一个只会找借口，提困难的下属。

工作中难免会出现种种问题，这就和日出日落一样是很自然的现象。面对问题，我们每个人都要让自己成为解决问题的人，而不是让自己成为问题的一部分，用自己的行动和智慧推动公司的发展。做问题的终结者，我们才能赢得更大成功。

成功来自责任感的驱使

安德鲁·卡内基是一个不甘示弱、自认为是世界第一富豪的人，可就是这个自大的人来拜访洛克菲勒，并向洛克菲勒讨教了一个非常严肃的问题。

有一天，卡内基先生不期而至，或许是洛克菲勒友善的态度，他们之间轻松的谈话气氛，融化了卡内基先生钢铁般的自尊，他放下架子问了洛克菲勒一个问题：

"我知道，你领导着一群很能干的人。不过，我不认为他们的才干无可匹敌，但令我疑惑的是，他们似乎无坚不摧，总能轻松击败你们的竞争对手。我想知道，你究竟施了什么魔法，能让他们拥有那种精神，难道是金钱的力量？"

洛克菲勒本以为，这个话题到此就应该结束了，但洛克菲勒的回答显然挑动了卡内基先生的好奇心，卡内基先生表情严肃地进一步追问："那你能告诉我你是怎么做到的吗？"

看着卡内基先生谦逊的神态，洛克菲勒无法拒绝并告诉他，如果我们想要永久持续生存下去，那么这就意味着，不管任何理由，我们领导者都要断然拒绝去责难任何一个人或任何一件事。责难就如同一片沼泽，一旦失足跌落进去，你便失去了立足点和前进的方向，你会变得动弹不得，陷入憎恨和挫折的困境之中。这样的结果只有一个：失去部属的尊重与支持。一旦落到这步田地，那你就好比一个将王冠拱手让人的国王，从此失去了主宰一切的权利。

责任是所有一切的基础，责任是对使命的忠诚和信守，它是一个人的高贵品质。作为社会中的一分子，责任就是立身之本，就是一个人求生存谋发展的重要品格，责任是催化剂、是成功必不可缺的推动力。

一个人可以清贫，可以不伟大，但不可以没有责任感。责任心的驱使，能使我们将自己的能力充分发挥。强烈的责任心，也将使我们的工作变成一种乐趣，正如俗语所说的"假如你热爱工作，那你的生活就是天堂，假如你讨厌工作，那你的生活就是地狱"。

所有人做的工作，都有自己所要负的责任。成功者具有强烈的责任感。一个没有责任感的人，即使是天才也成就不了事业。负责更多的不是体现一个人的学识、水平和能力，而是体现一个人的品格，体现一个人的价值观和思想境界。负责是一个人成功的关键所在。

在标准石油公司里，经理吩咐亨利、杰克、戴维去做同一件事情：去供货商那里调查一下石油的价格和品质。其实这件事，也是考验他们谁能上任副经理的职位。

亨利只用了10分钟就回来了，他并没有亲自去调查，而是向下属打听了一下供货商的情况就回来汇报了。30分钟后，戴维也回来汇报，他亲自到供应商那里理解了石油的数量和品质。

　　杰克120分钟后才回来汇报，原来他不但亲自到供货商那里了解了石油的数量和品质，而且根据公司的采购要求，将供货商那里最有价值的信息做了详细的记录，并且和供应商的销售经理取得了联系。

　　在返回的途中，他还去了另外两家公司了解那里的石油商业信息，将3家供货商的情况做了详细的比较，最后还制定出了最佳的购买方案。最后，杰克升职为副经理的职位。

　　在实际工作中，很多人都会认为自己做得很好很不错，但是你真的尽职尽责了吗？你对老板所交代给你的任务负责吗？一个人平庸不要紧，如果这个人掌握成功的关键——负责，对自己的工作负责，对团队负责对自己负责，对老板负责，那么将来在事业上一定会有所成就。

　　对于自己，你别无他物。有人帮你，是你的造化；无人帮你，是别人的本分。没有人应该为你做什么，因为生命是你自己的，你要为自己负责。这就是人对自己的责任。

　　工作中，不少人一旦碰到问题，不是全力以赴地去面对，而是千方百计地找出种种理由或借口搪塞，逃避责任。长此以往，因为有各种各样的借口可找，人就会疏于努力，不再想方设法争取成功，而把大量的时间和精力放在如何寻找一个合适的借口上。

　　不管老板在与不在，都能主动去做对公司发展有利的事，不找理由，不找借口，一心为了做好工作，把工作当成自己的事业，这才能称得上是真正的负责和敬业。

　　作为员工，如果只做老板交代的事，没有交代的就敷衍了事，甚至不去做，同事间相互推诿，得过且过，糊弄自己的工作，这样的员工是不可能有大发展的。

　　只有认真负责，任何时候都冲在第一线，能做的全力去做，做不好的努力去做，主动给自己加压，那么他的职场空间肯定是无限宽广的。

第 十 七 章

完善自己，成功就是
每天进步一点点

锻造一生的资本

要想成就一番事业，首先必须要有资本，你的资本在哪里？它就在你自己身上，只要肯进取、负责，不断地去做有利于社会的事，你就能成功。

世上很少有年轻时没打好根基，到后来能成就大业的人。那些成功的伟人，他们后来所获得的伟大成就大都是由于他们事先辛勤地播下了良种。

时间

有许多年轻人，常常急于求成。其实我们对任何事，都不应抱奢望，而应该通过学习把学问与经验一点点地灌入自己的头脑，作为将来成功的资本。须知今日社会所需要的，都是受过良好教育、博学多才的人。

也许你的经济状况不允许你去专门的学校学习，甚至你还背负着一份沉重的负担，可是你仍然可以抽出一些时间强迫自己学习。如果你每天都能抽出一个小时来专攻一门学科，将来所获得的成就必大为可观。

在任何地方，如果你看见一个青年人，时时都充实自己的学识与经验，从不浪费时间；凡是与他事业有关的信息，也无时不在注意；做事敏捷、有头有尾——这样的人，就可以说是具备了成功的资本了。

许多身强体健的年轻人都受过教育，处理事情也有一些经验，照理说似乎都可以做出一番事业来，可是他们仍旧过着平庸的生活。为什么会这样？原因就在于他们没能真正掌握学习能力这一资本。事实上，学习能力是一种可以让你终身受益的资本。

要想通过学习积累起一生的资本，你可以从知识与经验两方面着手。

1.知识积累与技能培养

知识分两种：其一为一般性知识，其二为专业知识。无论你拥有的一般性知识数量如何多，种类如何繁多，对于成功用处都不大。大学里的教授集各式的一般性知识于一身，但许多教授却没有太大的成就，因为他们只精于传授知识，并不擅长使用知识、组织知识。

知识不足以引导你走向成功，除非加以组织，并以实际的行动计划精心引导，才能达成你追求的目标。许多人都明白"知识就是力量"，但却忘了这样一点：知识只有经过组织，变成确切的行动计划，才能导向确切的目标，才能成为真正的力量。

很多人都有这样一种误解，就是以为"亨利·福特'上学'不多，所以不是受过'教育'的人"。其实他们并不了解"教育"一词的真正含义。"教育"一词的拉丁字源，意思是由自心去开拓延展、推理演绎。受过教育的人是指已经发展自己的心智能力至相当程度，可以得其所愿，不会侵犯他人权利的人。受过教育的人不见得要具备丰富的一般性知识。

发明家爱迪生一辈子只上过3个月的学校，但他并不缺乏知识，也没有潦倒一生。亨利·福特小学都没有毕业，在财务上却游刃有余，乃至白手起家。受过教育的任何人都知道，在需要知识时，哪里可取得知识，并且知道，要如何把知识组织为确切的行动方案。亨利·福特可以借着"智囊团"之助，随时获取所需的一般性知识，而他自己未必需要具备这种知识。

除了有专业知识外，我们还需要掌握一定的职业技能。一些职业学校、商业学校可以帮助人们得到很好的训练。我们应充分运用学习能力学习这些职业技能。唯有这样才能过上快乐、幸福的生活而不致处在贫穷愁苦之中。

2.学以致用，善读"无字之书"

"读万卷书，行万里路"，是说人要有较多的学识和丰富的经验，也是要人们能将理论与实际联系起来，学以致用，善于利用知识处理各种情况。丰富的经验也是成大事者不可或缺的资本，特别是年轻人，由于涉世未深，他们的经验一般较少，这就要求他们不但要注意书本知识的积累，也要注重现实生活中的知识积累。

时代的发展促使人们打破了往日对知识的理解。人们已认识到，知识并不等于能力。培根的"知识就是力量"口号提出以后，又明确地指出："各种学问并不把它们本身的用途教给我们，如何应用这些学问乃是学问以外的、学问以上的一种智慧。"也就是说，有了同等知识，并不等于有了与之同等的能力，掌握知识与运用知识之间还有一个转化过程，也就是学以致用的过程。

如果有知识不知应用，那么拥有的知识就只是死的知识。死的知识不但没有一点益处，有时还可能有害。因此，在学习知识时，不但要让自己的头脑成为知识的仓库，还要让它成为知识的熔炉，把所学知识在熔炉中消化、吸收。

结合所学的知识，参与学以致用的活动，提高自己运用知识的能力，使学习过程转变为提高能力、增长见识、创造价值的过程。要想正确地做到学以致用，应加强知识的学习和能力的培养，并把两者的关系调整到最佳位置，使知识与能力能够相得益彰，共同促进，发挥出前所未有的潜力和作用。

要想做到学以致用，不仅应苦读与爱好、兴趣、职业有关的"有字之书"，同时还应该领悟生活中的"无字之书"。阅读"有字之书"可以学习前人积累的知识、前人的学以致用经验，并从中借鉴，避免走弯路；读"无字之书"可以了解现实，认识世界，并从"创造历史"的人那里学到书本上没有的知识。

3.学会在逆境中读书

任何成功的人在达到成功之前，没有不遭遇过失败的。爱迪生在历经一万多次失败后才发明了灯泡，而沙克也是在试用了无数介质之后，才培育出小儿麻痹疫苗。挫折是你发现思想的特质。如果你真能了解这句话，它就能调整你对逆境的反应，并且能使你继续为目标努力。挫折绝对不等于失败，除非你自己这么认为。

爱默生说过："我们的力量来自我们的软弱，直到我们被戳、被刺，甚至被伤害到疼痛的程度时，才会唤醒隐藏着神秘力量的愤怒。伟大的人物总是愿意被当成小人物看待，当他在占有优势的椅子中昏昏睡去时，当他被摇醒、被折磨、被击败时，便有机会可以学习一些东西了。此时他必须运用自己的智慧，发挥他的刚毅精神，才会了解事实真相，从他的无知中学习经验，治疗好他的自负精神病。最后，他会调整自己并且学到真正的技巧。"

然而，挫折并不保证你走向成功，它只是提供成功的种子，你必须找出这颗种子，并且以明确的目标给它养分并栽培它，否则，它不可能开花结果。上帝永远不欣赏那些企图不劳而获的人。你应该感谢你所处的不利环境，因为如果你没有和它作战的经验，就不可能真正了解它。

约翰经营一座农场，当他因为中风而瘫痪时，就是靠着这座农场维持生活的。由于他的亲戚们都确信他已经没有希望了，所以他们就把他搬到床上，并让他一直躺在那里。虽然约翰的身体不能动，但是他还是不时地在动脑筋。忽然间，一个念头闪过他的脑海，而这个念头注定了要补偿他不幸的缺憾。他把他的亲戚全都召集过来，并要他们在他的农场里种植谷物。这些谷物将用做一群猪的饲料，而这群猪将会被屠宰，并且用来制作香肠。几年后，约翰的香肠已被陈列在全国各商店出售，结果约翰和他的亲戚们都成了富翁。

当你遇到挫折时，切勿浪费时间去计算你遭受了多少损失，相反的，你应该算算看，你从挫折中可以得到多少收获和资产。你将会发现你所得到的，会比你所失去的多得多。

书籍是人类的精神食粮

精神食粮随处可得，书籍就是一个很好的途径。

书籍对人的指引作用毋庸置疑。由伟大的心灵撞击而写成的书籍，没有一本不是洗涤并充实我们心灵的食粮，它们早已为后人指明了方向，而我们可以任意挑选其中我们想要的。伟大的书籍就是伟大的智慧树，是伟大的心灵之树，我们将在其中得以重塑。

1.成功需要好书指引

一本优秀书籍就是一个好的老师，多读好书，吸取丰富的精神营养，提高自己的知识和文化素养，对于自己的性格是一种很好的陶冶。

许多生活实例告诉我们，丰富的知识文明能够极大地丰富一个人的内心世界。野蛮的人有了文化素养，可以变得文明。缺乏教养的人有了丰富的知识，可以逐步变得有教养。骄傲的人，多学一些知识，就能看到知识的无穷，从而变得谦虚起来。自卑感强烈的人，有了丰富的知识，也会看到自身的力量，从而增强自信。

丰富的知识不仅能使人变得更加文明，还能使人成熟老练，多谋善断。智勇双全的将领，都与他们博才广学有关；而鲁莽家的蛮干，无不与孤陋寡闻相连。

2.读书需要选择

试想，一个经常在阅读沉思中与哲人文豪倾心对语的人，与一个只喜爱读凶杀言情故事和明星花边轶闻的人，他们的精神空间是多么不同，他们显然是生活在两个不同的世界中。

在茫茫书海中，我们要力求寻觅上乘之作、经典之作，要多读名著，多读"大书"。所谓经典名著、"大书"，需要经过时间的沉淀和筛选。一些社会学家曾作过统计，其结论是：至少要横穿20年的阅读检验而未曾沉没，这样的著作方有资格称为经典、名著。

美国学者，《大英百科全书》董事会主席莫蒂然·J. 阿德勒认为：所谓名著，必须具备6条标准：

（1）读者众多。名著，不是一两年的畅销书，而是经久不衰的畅销书。

（2）通俗易懂。名著，面向大众而不是面向专家教授。

（3）永远不会落后于时代。名著，绝不会因政治风云的改变而失去其价值。

（4）隽永耐读。

（5）最有影响力。名著最有启发教益，含有独特见解，是言前人所未言，道古人所未道。

（6）探讨的是人生长期未解决的问题，在某个领域里有突破性意义的

进展。

3.读书需要方法

SQ3R是我们应重点掌握的一种阅读方法。SQ3R是英文Survey（纵览）、Question（提问）、Read（精读）、Recite（复述）、Review（复习）的词头缩写，相应的有5个步骤：

（1）纵览——拿起一本书后，先浏览一遍，了解全书内容，可以试着读一下作者的序言，研究一下书的目录和索引，看一看各章的介绍。这时，学习者要记得自己的学习目的，如果发现这本书与目的不符，或文笔不好，或难度太大，则要马上停止。

（2）提问——快速地浏览全书，并不断地给自己提出问题，思考书中提出的那些观点。在一些文笔好的书中，作者往往用一些明确的问题作为下面内容的"引子"，或者让你在读书时始终面临一些问题的情景。凡有头脑的人是不会只是一味地"读书"的，如果你能坚持带着问题去读，很快你就会养成用批判的眼光读书的习惯。

（3）精读——从头到尾一字不漏地读全书，对不理解的部分可反复阅读。阅读时，要记住各部分的主题和重点。读的过程中还要经常翻到前面的内容，以便回忆起某些事实。

（4）复述——读书不是要对字句死记硬背，而是要牢固地掌握文章的基本要点。复述时，要把书放在一边，努力去想读过的内容。复述本身并无价值，但是你如能借此积极主动地阅读，那么每次复述都会加深对材料的理解。

（5）复习——一般在上一阶段结束一两天后进行，三四天后再进行一次。我们都有这样的经历：学过的许多细节在记忆中消失得非常快，常常大约在一小时之后就都忘记了。为了防止过早发生遗忘的情况，你就要尽早地进行

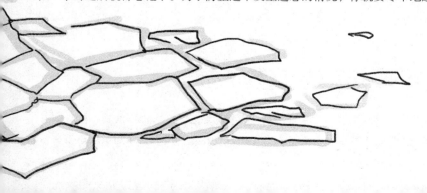

温习。

一般来说，SQ3R法适用于精读。为了更好地体会这5个步骤，你可以挑选几部值得精读的书，仔细地、一步一个脚印地试几次，直到这种学习成为你的自觉行为。

4.用心理学书籍改造个性

我们每一个人都有自己不完善的地方，都有某些性格缺陷，都有不适当的心理反应，要想使自己很好地应付生活中可能碰到的任何情况，就必须学会控制自己的心理，就要改造自己的个性。运动员通过心理训练，可以使自己更适应重大比赛而发挥出最高的水平，这已为人们所了解。心理训练对每个人都会有作用，这一点却是大多数人尚未发觉的。

当你对自己的毛病比如说怯场无可奈何的时候，你可能会感慨："真是江山易改，本性难移啊！"当你面对自己想改而又难改的习惯，比如说抽烟的时候，你也许只好用"习惯成自然"为自己开脱。你也许从来也没想过，本性与习惯是可以改造的。现代心理学书籍会告诉你，所有这些都是可以改造的，或者说得更"玄"一些，人的个性是可以重新塑造的。

现代心理学认为人体内有一个不断追求目标的自动机器，而指引这个机器的是人的自我意象。所谓个性的改造，就是通过对自我意象和目标的改造来实现的。通过心理学知识的指引，你就会认识到这一点，你就会知道自己的力量该用在那里、该怎样用，而不至白费劲。

现在社会已经为我们提供了更多浏览心理学书籍的可能。在生命锻造的过程中，我们应该充分运用现代心理学的研究成果，自觉地多浏览多学习一些心理学书籍，掌握一些心理学知识，正确了解自己心理发展的特点，了解自身心理和个性的正常和异常状态，并正确运用现代心理学的思想和方法，有针对性地改造自己的个性，追求成功、愉快的人生。

虚心用知识打造自己

"知识是产生杰作的基础，也是力量的源泉"，人们要成功，就必须有足够的知识作为基础和前提。人类知识总量在急剧增加，新知识层出不穷，知识体系日益庞杂。与此相矛盾的却是人的时间和精力的有限性，一个人一生中所能掌握的知识也非常有限。因此，人们要成功，不仅取决于掌握知识的多寡，而且取决于知识的结构是否合理。

成功的人一般都具有较合理的知识结构，具有一定的知识基础，既博又专；既有扎实的专门知识，又有广阔的视野，从而为其成功奠定了坚实的知识基础。

知识结构是人类知识在个人头脑中的内化状态，包括一个人占有知识的多少，各种知识之间的比例、相互关系、相互作用以及由此而形成的整体功能。知识结构因人才类型的不同而呈现出特殊性。大部分成功人士的知识结构都可归入以下三大类：

第一种是金字塔型知识结构。这是一种传统的知识结构。在此结构中：

第一层次是一般基础知识。包括数学知识、物理知识、化学知识、语文知识、历史知识、地理知识、外语知识、哲学知识、政治常识、经济常识、法律常识、体育常识等。它决定着一个人的基本知识素养。它是与专业有着千丝万缕联系的科学文化知识。这一层次的知识越宽广、越扎实，就越能启迪思维、开阔思路、利于个人事业的发展。

第二层次是专业基础知识，它是与专业直接相关的知识。以物理专业人才为例，它包括力学、热学、电磁学、光学、普通物理实验、复变函数、电子学基础、电子学实验、计算机应用等，它是专业知识的基础和延伸。这些基础打得越深厚，就越能把自己造就成为专业型人才。

第三层次是专业知识。这个层次的知识越丰富，就越有可能做出成就。它是从事科学研究的资本。例如，物理专业包括原子物理学、理论力学、热力学与统计物理、电动力学、量子力学、近代物理实验、固体物理学、原子核物理学等本专业学科的概念体系、理论体系、研究工具和基本资料。

第四层次是主要专业知识。例如物理学专业中的原子核物理包括原子核物理的历史发展、现实状况、发展前景等。它是专业知识中某一方面的科学知识，是从事科学研究的决定性条件，这个层次越精深，就越能快出成果、多出成果、出大成果。

金字塔型知识结构，易于把宽厚的知识集于一点，从而突破主攻目标，取得卓越成效。它侧重于基础知识的宽厚性、专业知识的精深性和主攻目标的明确性。但这种知识结构不太适应那些需要较大开拓性的工作。

第二种是网络型知识结构。主要由3个部分构成：

第一部分是以自己的专业知识为网络的"中心"。它主要包括基本管理理论和基本管理科学知识。

第二部分是与专业相近、直接作用于专业的应用理论知识。主要包括社会技术系统、社会合作系统、应用系统理论、群体行为、合理选择、人际关系、管理科学、管理经验总结和分析等，这是管理人才的主要专业知识。

第三部分是与专业相距较远、间接影响专业的基础理论知识。这是管理得以实施的外部环境的有关理论。它包括工业工程理论、政治学理论、一般系统理论、社会学、社会心理学、文艺人类学、决策理论、经济理论、心理学、数学、管理人员的实际管理经验等。

网络型知识结构，侧重于专业理论的核心作用和有关系统知识的相关性，强调发挥专业知识的决定作用和整体知识的协调作用，具备这种知识结构的成功青年能在较大范围内吸取所需的营养，发挥潜在的才干。

第三种是帷幕型知识结构。每个人的工作岗位不同、职责范围不同，所应具备的各种知识的比重也应不同。法国管理专家法约尔认为，对于从工人到总经理这样一些企业人员，所需具备大致可以分为技术、管理、财务、商业、会计、安全等6个方面的知识。

但是，知识结构是与时俱进的，而不是一成不变的。每一个时代都有自己的特殊社会需求，这些社会需求决定了社会最需要具有何种知识的人才。如果能把握住这一点，不断调整自己的知识结构，尽量让自己成为一个对社会有用的人，那么成功便会向你招手。

一个追求成功的人，必须善于将心态归零，随着时代和奋斗目标的变化而不断完善个人的知识结构。在满足社会需求的同时实现个人的价值。不同的社会有着不同的需求，对人才的知识结构要求也不尽相同。善于根据社会需求而随时调整自己的人，才会常胜不败。在建立知识结构时应把握以下原则：

（1）合理性。客观事物具有普遍联系，遵循这一原则建立知识结构，能将学到的知识迁移，增进理性记忆和应用，触类旁通、举一反三、思路畅通、有所创见。一个人的知识应由具有相关性和规律性的知识组成。这些系统内容上有必然联系的"思维组合体"，是相对安全的。你得对一些已有的知识系统有针对性地加强学习，并在完善知识结构上花一些精力。

（2）动态性。知识结构相对来说是一种动态的平衡，这就要求你在充实自己的时候，各类知识都应有所发展，不应有所偏废。据统计，人类知识的总量，每隔5至7年便要翻一番，即知识的总体结构始终处于动态的发展之中。与此相对应，个人的知识结构也是处于动态发展中的。

（3）简约性。如果知识结构不简约，必定使大脑负担过重，从而妨碍独立思考，不利于创造。大多数科学家都相信，自然界的基本原理是屈指可数的，有效的知识结构应是极简约的，而不是庞杂的。但是简约不代表贫乏，而是"精粹中的简约，简约中的精粹"。

（4）自调性。不同的人在知识结构上也存在差异，而一个人在不同的发展阶段又有不同的知识结构。人们应该针对自己的兴趣和目标自动地、随时地调节知识结构，这是知识结构的动态性特征要求的。欲成就事业的人应该在这方面对自己严格要求。

（5）实践性。加强实践，知识才能更加有效地得到利用。因此，实践不仅是获取知识的一条途径，同时也是一条原则。让知识造福于人类是学习知识、掌握知识的目的。知识只有与实践相结合，才能发挥出它的效力。

改变就在今天

很多人都有这样的习惯，他一边后悔着昨天的虚度，一边下定决心，从明天开始做出改变，而今天就在这后悔和决心之余被他轻轻放过。其实，很多人都不知道，你所能拥有的只有实实在在的今天、明天和昨天。只有好好把握今天，明天才会更美好，更光明。

1871年春天，一个年轻人拿起了一本书，看到了一句对他前途有莫大影响的话。他是蒙特瑞综合医科的一名学生，平日对生活充满了忧虑，担心通不过期末考试，担心该做些什么事情，怎样才能开业，怎样才能过活。

这位年轻的医科学生所看见的那一句话，使他成为当代最有名的医学家，他创建了全世界知名的约翰·霍普金斯学院，成为牛津大学医学院的教授——这是学医的人所能得到的最高荣誉。他还被英国国王册封为爵士，他的

名字叫作威廉·奥斯勒爵士。

下面就是他所看到的——托马斯·卡莱里所写的一句话，帮他度过了无忧无虑的一生："最重要的就是不要去看远方模糊的事，而要做手边清楚的事。"

40年后，威廉·奥斯勒爵士在耶鲁大学发表了演讲，他对那些学生们说，人们传言说他拥有"特殊的头脑"，但其实不然，他周围的一些好朋友都知道，他的脑筋其实是"最普通不过了"。那么他成功的秘诀是什么呢？

他认为这无非是因为他活在所谓"一个完全独立的今天里"。在他到耶鲁演讲的前一个月，他曾乘坐着一艘很大的海轮横渡大西洋，一天，他看见船长站在舵房里，按下一个按钮，发出一阵机械运转的声音，船的几个部分就立刻彼此隔绝开来——隔成几个完全防水的隔舱。

"你们每一个人，"奥斯勒爵士说："都要比那条大海轮精美得多，所要走的航程也要远得多，我要奉劝各位的是，你们也要学船长的样子控制一切，活在一个完全独立的今天，这才是航程中确保安全的最好方法。你有的是今天，断开过去，把已经过去的埋葬掉。断开那些会把傻子引上死亡之路的昨天，把明日紧紧地关在门外。未来就在今天，没有明天这个东西。精力的浪费、精神的苦闷，都会紧紧跟着一个为未来担忧的人。养成一个生活好习惯，那就是生活在一个完全独立的今天里。"

奥斯勒博士接着说道，"为明日准备的最好办法，就是要集中你所有的智慧、所有的热忱，把今天的工作做得尽善尽美，这就是你能应付未来的唯一方法。"

　　奥斯勒博士的话值得我们每个人珍视。其实，人生的一切成就都是由你"今天"的成就累积起来的，老想着昨天和明天，你的"今天"就永远没有成果，到老的日子，你的"昨天"也就会一事无成。珍惜今天就意味着改变从今天开始、从眼前开始、从此刻开始。只有每天使自己进步一点点，每天都能超越昨天的自己，我们的事业才能不断向前、向上。

　　科恩是位精力充沛、在家忙碌的妻子和母亲。18年来，她每天都要安慰和支持她的家人，她有个需要特殊照料的患脑积水的儿子。等孩子们长大后，科恩越发不安，她渴望做名计算机检修工。

　　她走出家门，在富有挑战性、男人所统治的领域工作，引发了科恩无限忧虑。她的女性朋友分担了她的忧虑。在她们的鼓励下，科恩开始慢慢地克服忧虑，接着就开始积累成功所需的经验。当然她经历了挫折，但她没有灰心，一次又一次地越过挫折并坚持下来。最后，科恩开始认同并相信她做女商人的能力。

　　现在，科恩拥有成功的事业。她的成功是一点一滴积累而成的，例如参加成人教育班、自愿担任计算机初学者的培训员、组织收费低廉的小型讨论会等。她的最大成功就是超越了忧虑，超越了自我，并集中每次取得的小小成功，才取得了最后的胜利。

　　我们每个人都要对自己有信心，并竭尽所能地工作——这是成功改变不利现状的根本。只要说服自己做得到，不论多么艰巨的任务，你必能完成。反过来说，如果想象自己做不到，就是最简单的事，对你也是座无力攀登的险峰。无法每天超越自己的人，通常成不了大事。每天超越自己，哪怕仅仅超越一点点，你就能每天都有进步，你就能越来越接近成功。

每天进步一点点

　　成功就是简单的事情重复去做，成功就是每天进步一点点。一个人，如果能每天进步一点点，哪怕是1%的进步，试想，有什么能阻挡得住他最终的成功？量变积累到一定程度就会发生质变。一个人，只要坚持每天进步一点点，终有到达成功的那一天。

　　纽约的一家公司被一家法国公司兼并了，在兼并合同签订的当天，公司新的总裁就宣布："我们不会随意裁员，但如果你的法语太差，导致无法和其他员工交流，那么，我们不得不请你离开。这个周末我们将进行一次法语考试，只有考试及格的人才能继续在这里工作。"散会后，几乎所有人都拥向了图书馆，他们这时才意识到要赶快补习法语了。只有一位员工像平常一样直接回家了，同事们都认为他已经准备放弃这份工作了。令所有人都想不到的是，当考试结果出来后，这个在大家眼中肯定是没有希望的人却考了最高分。

　　原来，这位员工在大学刚毕业来到这家公司之后，就已经认识到自己身上有许多不足，从那时起，他就有意识地开始了自身知识的储备工作。虽然工作很繁忙，但他却每天坚持提高自己。作为一个销售部的普通员工，他看到公司的法国客户有很多，但自己不会法语，每次与客户的往来邮件与合同文本都要公司的翻译帮忙，有时翻译不在或兼顾不上的时候，自己的工作就要被迫停顿。因此，他早早就开始自学法语了。同时，为了在和客户沟通时能把公司产品的技术特点介绍得更详细，他还向技术部和产品开发部的同事们学习相关的技术知识。

　　这些准备都是需要时间的，他是如何解决学习与工作之间的矛盾呢？就像他自己所说的一样："只要每天记住10个法语单词，一年下来我就会3600多个单词了。同样，我只要每天学会一个技术方面的小问题，用不了多长时间，我就能掌握大量的技术了。"

　　我们每天的修道修德贵在持之以恒的坚持，贵在日复一日，月复一月，年复一年勤勤恳恳的积累。一步登天做不到，但一步一个脚印能做到；急于求成、一鸣惊人不好做，但永远保持一股韧劲，认认真真完成每天的功课可以做，一下子成为圣贤之人不可能，但要求自己每天进步一点点有可能。

　　要求自己每天进步一点点，就是要让自己在修道修德的漫长人生旅途中，今天要比昨天强，今天的事情今天做，每天都在为心中那个大目标做着永不懈怠的努力！为此，始终保持一份平静、从容的心态，步履稳健地走好人生的每一步，不允许每一天的虚度，不放过每一天的繁忙，不原谅每一天的懒散，用"自胜者强"来勉励、监督和强迫自己，克服浮躁，战胜动摇。要求自己在修道修德的旅途中每天进步一点点，不是做给别人看，所以不能懈怠，更不能糊

弄自己，而是要用严于律己的人生态度和自强不息、每天进步一点点的可贵精神，走一条回归自然的光明大道。

所以每天进步一点点，不是可望而不可即，也不是可遇不可求，它就在我们每天自身的努力之中。所以不能有一点成绩就自以为了不起，而是要以一种平和的心态，笨鸟先飞的态度，永远不满足、不停步、不回头！认认真真做好每天该做的事，对于我们每天的学习要用雷打不动的精神把它完成好。

也许每天进步一点点并不引人注目，可就是这一个个小小的不引人注目的进步，终将会有一个"大器晚成"的效果。所以要坚信只要我们用每天进步一点点的精神，持之以恒地修道修德，就能使我们的人生充实而幸福，就能让我们的人生有"光而不耀"的风采！

成功来源于诸多要素的几何叠加。比如，每天笑容多一点点、每天行动多一点点、每天创新多一点点、每天的效率高一点点……假以时日，我们的明天与昨天相比将会有天壤之别。

每个人每天都能进步一点点，试想，有什么障碍能阻挡得住他最终的辉煌？竞争对手常常不是我们打败的，而是他们自己忘记了每天进步一点点；成功者不是比我们聪明，而是他比我们每天多进步一点点。我们不要满足现状、安于现状，只有不断进步，才能完善自我。

滴水穿石

心灵上的自我完善

每个人都在建筑自己的世界，制造自己的气氛。他可用困难、恐惧、怀疑、绝望和忧郁来填充这个世界，使整个生活黯然失色；他也可以驱逐每一个忧郁、嫉妒和邪恶的思想，从而保持气氛的纯洁、清新和甜美。

我们的思维反映了自己的精神形象。对一个人来说，精神形象总是先于现实存在。精神画面被复印到生活里，铭刻在个性中。整个生理机能都在不断地把这些形象、这些精神画面翻印到生活和个性中去。

1.紧守思想之门

与其让成功和幸福的大敌——混乱的思想、病态的思想、龌龊的思想、嫉妒的思想——进入你的头脑，窃走你的舒心，抢走你的和平与宁静，使你的生活变成一个活的坟墓，还不如让小偷进入你的房子，盗走你最值钱的财宝，抢走你的金钱或财产。

不管你做什么或是不做什么，都不要让龌龊、混乱、病态的思想进入你的头脑。保持头脑的清醒和纯洁意义重大。让你的头脑成为圣殿，让它一尘不染，不要让思想之敌乘隙而入。

我们必须紧守自己的思想之门，把一切幸福和成功之敌阻在门外。我们的冲动、偏见和自私心理所产生的那些东西，那些居住在我们头脑中的不良思想才是真正的敌人。

我们必须光明磊落、心地纯洁、公正无私、宽厚仁爱，只有这样我们才能真正拥有健康、成功、幸福。身心的完美和谐意味着一种圣洁的精神和高贵的灵魂。

众所周知，很多时

候，一阵骤发的"忧郁症"和沮丧的情绪在几个小时内就会令人元气大伤，简直比数周的劳作带来的损耗更厉害。

我们常常能见识到思想的威力：巨大的痛苦和失望或严重的经济损失能在短时间内把一个人变得面目全非。残忍的思想竟让一个人迅即变得白发苍苍。

我们必须学会排除导致这些痛苦的根源。人不应该痛苦，他应该快乐，应该永远幸福、活泼、满足。是错误的思想习惯导致了人类的堕落。每个人都应该比我们当中最幸福的人更幸福，比我们当中最快乐的人更快乐。

2.驱除思想敌人

要消灭思想敌人就需要持之以恒、行之有效地努力。如果没有精力和决心，我们就会一事无成。如果不精神抖擞地阻止这些思想敌人，把它们驱逐出人的意识，锁在头脑的门外，我们怎么能保持心境的平和与快乐呢？

把我们生活中的敌人、我们不喜欢的人、伤害和诽谤我们的人关在门外似乎并不困难，但为什么我们不能把思想的敌人挡在大脑的门外呢？

如果我们赤脚走在乡间，我们会学着避开伤脚的尖石头和荆棘，同样，也要学会避开伤害我们并会在我们的心灵上留下疤痕的思想。要做到这一点并不难。只需要把思想之敌挡在头脑之外，把思想之友迎接进来就行了。

有些思想送来溢满人心的希望和快乐、振奋和喜悦。另外一些思想却会限制、压抑所有的希望和快乐的满足感。

只要我们保有坚强、活跃、机智和富有创造力的思想，我们就会幸福快乐，健康长寿！

当心灵贯注于和谐的时候，当心灵之镜照见美丽的时候，当身心洋溢着幸福快乐的时候，悲伤就会烟消云散。

如果你坚持把这些思想敌人——恐惧思想、焦虑思想、病态思想——挡在头脑的门外，它们就会永远离开你。面对思想上的敌人，正确的做法是关上你的心灵之门，不要让它们进入。

不要让混乱的思想滋生，抛弃它们，忘掉它们。如果你遇到了不幸的事情，不要说："那是我的命，我总是这么倒霉。我就知道会这样，总是这样。"不要自怨自艾，那是个危险的习惯。要学会保持心境的平和，学会忘却不幸的经历，学会忘却悲伤屈辱和痛苦的记忆，要做到这几点并不困难。

只要你能除去各种私心杂念，弃绝痛苦悲伤，你就能体验到平静、舒适和幸福。

不要去管自己的错误和缺点，不管它们多么令人痛苦，要驱逐它们，忘掉它们，决心远离它们。

当然，这不是仅凭一个愿望就能做得到的，这还要靠一个人逐渐清除掉思想敌人的决心、毅力和警惕性。不去想痛苦、不幸和残酷经历的最好办法，就是用明朗、欢快、生动的思想填满你的头脑。

3.拥抱仁爱乐观

思想也和其他事物一样，会吸引与它相似的东西。头脑中占主导地位的思想会把相逆的那一部分驱赶出去，乐观情绪会驱逐悲观情绪，快乐会驱逐忧伤，希望会驱逐失望。让爱的阳光撒满心田，所有的憎恨与嫉妒就会逃遁无踪。

我们对不同思想和建议的影响都缺乏甄别能力。我们知道，一个快乐、乐观、令人鼓舞的想法会让人激动不已，它能使人精力充沛，与过去判若两人。我们的指尖能感觉到它带来的刺痛感。它像一股快乐幸福的电流，迅速渗透全身；它带来新的勇气、新的希望和一张新的生命契约。

一个能保持正确思想的人会用希望代替绝望，用勇气代替胆怯，用坚定果敢代替踌躇犹豫。善于用乐观的思想填充心灵的人，会把思想之敌拒之门外，比起那些成为思想之敌牺牲品的人，他要优秀得多；比起那些不能控制自己情绪的人，他做起事往往事半功倍。

我们生活的质量主要取决于我们心境的和谐程度，取决于我们是否能杜绝思想之敌，因为思想之敌扼杀人的积极性，具有破坏作用。

如果我们能保持思想的完整性，保护它不受邪恶念头的侵害，我们就已经解决了科学生活的问题。一个训练有素的头脑在任何情况下总是能提供和谐的音符。那么所有的混乱都会烟消云散。当头脑处于富有创造力的状态时，所有负面与消极的东西——阴影和混乱——都会逃逸。黑暗在阳光下无处藏匿；混乱与和谐不能同在。如果你总是想着和谐，混乱就无法进入头脑；如果你坚持真理，谬误就会远离。

成功来自责任感的驱使

责任是神圣的"职业"